植物の季節を科学する
魅惑のフェノロジー入門

子どもながらに心惹かれた季節の移ろい
まさか将来研究するとは思いもしなかった

── 永濱　藍 ──

(a)

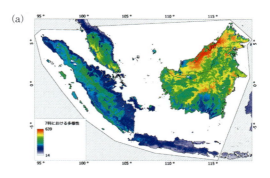

(b)

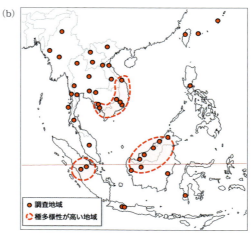

口絵1　東南アジアの植物種多様性評価

→ 図 3.7

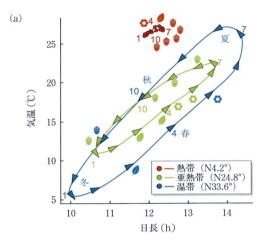

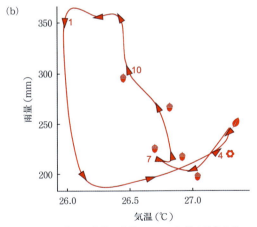

口絵 2　温帯・亜熱帯・熱帯における気候の季節変化
→ 図 4.13

口絵 3　カーボンポールを使って枝を採集する著者
→ 図 3.2

口絵 4 野外調査中の標本作製
→ 図 3.3

口絵 5　標本で見せたい植物の部位の例
→ 図 3.4

口絵 6　樹幹に付したビニル製のタグ
→ 図 4.3

口絵 7　筑波実験植物園
→ 図 5.1

口絵 8　キツネノマゴ科植物の標本
→ 図 5.6

口絵 9　標本から読み取れる過去の開花日
→ 図 5.8

口絵 10　同定箋の一例
→ 図 5.9

植物の季節を科学する

魅惑のフェノロジー入門

永濱　藍 [著]
コーディネーター　巌佐　庸

KYORITSU
Smart
Selection

共立スマートセレクション
43

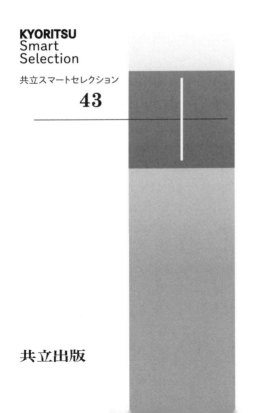

共立出版

本書の挿絵は，著者 永濱藍による．

まえがき

　私が育った岐阜県伊自良村（現在の山県市）は，南北に貫流する伊自良川を囲むように山々が広がるとても自然豊かな地域でした．村の北部には釜ヶ谷山があり，標高は696 mとそれほど高くはありませんでしたが，伊自良川の水源を有し，落葉樹林が広がっているような場所でした．

　春は暖かな陽気とともに草木が芽吹く様子を眺め，夏は照りつける日差しに負けずアマゴを釣り，秋は紅葉する木々に囲まれながら山を登り，冬は霜焼けになりながらも雪だるま作りに勤しむ．そんなふうに，私は四季折々の自然の恵みを楽しんでいました．そして，それぞれの時期に出会える生き物が好きでした（ヤマビルは苦手でしたが…）．

　こうした幼少期の生活を思い返すと，私が生物を好きになり，大学で生物学を専攻したいと考えるようになったのも自然な流れだったように思います．当時の私は，生物の中でも哺乳類が大好きで，特にライオンやチーターのような大型のネコ科動物が大好きでした．なので，それらの動物の行動を研究したくて，九州大学理学部生物学科に入学しました．しかし，大学の講義を受けているうちに，動物の研究よりも，植物の研究に惹かれている自分がいることに気づきました．明確なきっかけがあったわけではありません．けれど，学部3年生の頃には，植物の研究ができる研究室に入ろうと決めていました．

　最初は，植物生理学に惹かれました．植物生理学分野における主

な研究手法は，モデル植物（栽培・繁殖実験がしやすく，遺伝子情報の解明が進んでいる植物）であるシロイヌナズナ（アブラナ科）を用いた実験です．その最先端の実験に取り組む自分を想像して，ふと，地元の豊かな自然を思い出しました．

「外を歩きたいなぁ…」

なので，実験室での作業が主となる植物生理学の研究室ではなく，野外調査が必須の生態学の研究室に入りました．そんな軽い気持ちで研究室を決めたの？ と思われるかもしれませんが，まぁ，そんなもんです．

こうして，私の初めての研究（卒業研究）が始まりました．とはいえ，実は，このときに着手した研究は，「植物の季節」がテーマではありませんでした．詳しい内容は第1章を読んでいただきたいのですが，結論から言うと，学部4年生の私が盛大にやらかして，研究テーマを変えざるをえない事態になります．そして，新しく登場した研究テーマが「植物の季節」でした．

植物は，季節の移ろいとともに，新芽を広げ，花を咲かせ，実をつけます．こうした「植物の季節」は，伊自良村で育った私にとって当たり前の変化でした．ただ，あらためて「植物の季節」を意識して野外を歩いてみると，今更ながら，春に咲く植物の多さに驚かされました．

「こんなに多くの植物が春に咲いていたのか…」

「なぜ，彼らは春に咲くのだろう…」

そんな疑問を発端に，私は「植物の季節」の研究にのめり込んでいきました．

当時の私がそうであったように，人は往々にして，植物の季節的な変化を日常生活における「風景」としか捉えず，その豊かさや複雑さ，面白さに気づきません．そこで本書では，植物の季節的な変

化の一端を紹介し，その面白さを語っていきたいと思います．

　具体的には，「植物の季節」とは何なのかという説明（第1章）から始め，これまで私が取り組んできた調査や研究として，九州大学構内における植物の開花に関する野外調査（第2章），東南アジア各地における植物の多様性調査（第3章），ベトナムの山間部における植物の展葉・開花・結実に関する野外調査（第4章），植物園で過去20年ほど蓄積された開花記録に基づいた統計解析（第5章）と紹介していきます．また，現在，私が所属する国立科学博物館（略称：科博）の標本室（ハーバリウム）や，そこに収蔵されている標本群（第5章），私たち研究者が研究成果や専門的な知識を発信する機会（第6章）についてもお話しします．また，第7章には，大学生や高校生など，これから研究を志す方々へのメッセージを，まだまだ新米研究者である私の思いとしてまとめました．

　本書が，この本を手に取ってくださった読者のみなさまにとって，日常生活の「風景」を彩る植物に注目するきっかけになれば幸いです．

2024年10月

永濱　藍

目 次

① 植物のフェノロジー ……………………………………… 1

   1.1 私とフェノロジー研究の出会い　1
   1.2 フェノロジーとは　5
   1.3 植物の様々なフェノロジー　8

② いつ花を咲かせるのか？ ……………………………………… 11

   2.1 植物が作る四季？　11
   2.2 花の季節　13
   2.3 フェノロジーの段階　17
   2.4 樹木と草で違う？　21
   2.5 「定量的に比較する」とは　24

③ 植物の種多様性を知る ……………………………………… 31

   3.1 東南アジア研究のきっかけ　31
   3.2 ベルトトランセクト法　32
   3.3 熱帯植物調査の壁　40
   3.4 分類学との出会い　43
   3.5 未記載種か否か　47
   3.6 調査地への恩返し　51

④ ところかわれば花かわる ……………………………………… 59

   4.1 未知のフェノロジー記述に挑む　59
   4.2 ベトナムの熱帯山地林のフェノロジー　65
   4.3 種間で同調する？　71

4.4 フェノロジーの緯度勾配　75

⑤ 過去をさかのぼる …………………………………… 81

5.1 暖冬だと早く咲く？　81
5.2 ハーバリウムとは　88
5.3 標本の保管　90
5.4 標本の存在意義　94
5.5 標本の整理　97

⑥ 伝え広めるために ……………………………………… 107

6.1 研究者のアウトリーチ活動　107
6.2 オンラインでの発信　109
6.3 子どもに伝える　111
6.4 伝える発信　113
6.5 広める発信　115

⑦ 研究者って何者？ ……………………………………… 121

7.1 なぜ研究するのか　121
7.2 研究者をめざしたいあなたへ　123
7.3 研究者の資質　127
7.4 博物館学芸員と研究　130

引用文献 …………………………………………………… 134

あとがき …………………………………………………… 140

植物フェノロジーの研究と博物館キュレーターへの招待
（コーディネーター　巖佐　庸）………………………… 144

索　引 ……………………………………………………… 150

Box

1. 開花パターンの適応的な意義を説明する仮説 ………… 29
2. 自然と共に生きる ………………………………………… 54
3. 森林伐採の現場を目の当たりにして ………………… 57
4. 植物が気候に影響を与える？ ………………………… 105
5. リーディングプログラムにおける得難い経験 ………… 117
6. 植物学者が朝ドラに！ ………………………………… 119

① 植物のフェノロジー

1.1 私とフェノロジー研究の出会い

「このままでは卒業論文が書けませんね．研究テーマを変えましょう．」

2015年12月某日．当時，九州大学で私の指導教員であった矢原徹一教授がしばらく考え込んだ後，口を開いた．卒業論文の提出期限は，およそ3か月後（2月末日）である．

「今からテーマ変更ですか…？」

と恐る恐る尋ねる私（学部4年生）に対し，矢原さん[1]が苦笑する．

「仕方ないでしょう．」

そのとおり．仕方ない．こんな事態に陥ったのは自業自得であ

---

[1] 学部生の頃からの習慣で，私は普段「矢原先生」と呼んでいる．ただ，本来，教員と学生という立場であっても，同じ研究に取り組む共同研究者同士という考えに基づけば，さん付の方が適しているだろう．また，本書に登場する他の方々と異なる敬称を用いるのも違和感を感じるので，これ以降は，尊敬と親しみを込めて「矢原さん」と呼びたい．

る．この「卒論提出3か月前テーマ変更事件」が発生するまで，私の卒業研究のテーマは，花を咲かせる植物（種子植物）と花を訪れる昆虫（訪花昆虫）の相互関係の解析であった．

　ご存知の方も多いかもしれないが，花を咲かせる植物には，花粉を風に運んで（媒介して）もらう風媒植物と，花粉を訪花昆虫や鳥類などの動物に運んで（媒介して）もらう動物媒植物がいる．多くの動物媒植物種は，お椀型の花を上向きに咲かせ，ミツバチやハナアブ，ハエなどの訪花昆虫を誘引し，彼らの体に花粉をつける構造をしている．一方で，訪花昆虫は，貴重な食糧である花々の蜜や花粉を求めて訪花し，その拍子に体に付着した花粉を意図せず次の花へと運んでいく．このように，送粉の役割を果たす訪花昆虫を，特に送粉昆虫と呼ぶ．ここで，送粉昆虫は必ずしも同じ植物種の花を訪れず，日和見的に移動する．これらが繰り返されることによって，動物媒植物と送粉昆虫の間には網目状の関係が築かれていく（**図 1.1**）．この関係性はポリネーションネットワークと呼ばれる．

　ポリネーションネットワークの面白さは，その時々に咲いている花や出現する送粉昆虫の種類によって，刻一刻とネットワークの形が変わっていく点である．例えば，私が調査していた九州大学伊都キャンパス（福岡県福岡市）の生物多様性保全ゾーンでは，3月にヤマザクラが咲き，4月から5月にかけてハクサンボクが咲いていた．そのため，3月にはヤマザクラを含んだポリネーションネットワークが観察されたが，4月から5月にかけてはヤマザクラが消え，新しくハクサンボクが参入したポリネーションネットワークが観察された．

　こうしたポリネーションネットワークの季節的な変化を調べるために，私は，生物多様性保全ゾーンに咲いている花々の脇にコンパクトデジタルカメラを設置していた．これは，今でいうタイムラプ

1 植物のフェノロジー

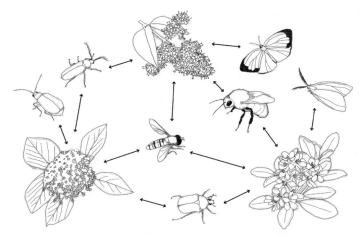

図 1.1 ポリネーションネットワークのイメージ

ス撮影をするためである．コンパクトデジタルカメラについているインターバル撮影機能を用いると，10 分間に 1 回の頻度で花の写真を自動撮影してくれるのである．これにより，どの植物種の花にどの昆虫が訪れているのかを定量的に記録できた．

もちろん 10 分間に 1 回の頻度だと，撮り逃してしまう訪花昆虫[2] もいるのだが，この自動撮影を 1 週間も続ければ，1 つの花につき，6 回/時間 × 24 時間 × 7 日間 = 1,008 回/週の観察記録が得られることになる．さらに，これを複数の同種個体（例えば 3 個体），

---

[2] この段階では，写真に写った訪花昆虫が，実際に送粉しているのかが定かではないため，送粉昆虫ではなく訪花昆虫と書いた．もし，この研究が順調に進んでいたならば，次のステップとして，これらの訪花昆虫を捕獲して，その体に付着した花粉の植物種を特定し，本当に送粉の役割を果たしていそうかどうかの検証をしていたはずである．ちなみに，送粉の役割を果たす動物は昆虫に限らず，鳥類や哺乳類であることもある．これらの動物は，ポリネーター（花粉媒介者）と呼ばれる．

複数の植物種（例えば10種）について行えば，あっという間に目視観察では不可能な量の観察記録（1,008回×3個体×10種＝約3万回）が得られ，ポリネーションネットワークを調べるに相応しいデータが揃う．何て便利なんだ！　文明の利器，万歳！

と喜んだのも束の間，難関はここからであった．撮影した写真を全部確認して，訪花昆虫が写っているかどうか，写っているならば訪花昆虫の種や分類群[3]を記録しなくてはいけない．今でこそ，写真に写った訪花昆虫を自動で識別する機械学習プログラムを探し出してどうにか利用すればよいと思い至るのだが，当時，研究を始めたばかりの私は「当たって砕けろ」の精神で，数万枚を超す写真の手作業での整理に真っ向から挑んだ．

そうして砕け散ったのが，冒頭の「卒論提出3か月前テーマ変更事件」の顛末である．

さて，ここで矢原さんから新しく提案された研究テーマは，「草と樹木で開花の時期や期間（フェノロジー）を比較する」というものだった．つまり，これまでの研究テーマで観察対象としていた植物と昆虫のうち，植物の開花データのみ抜き出して解析するのである．なんてうまい解決策なのか．たしかに，植物の開花データは数万枚の写真を見なくても記録できる．実際に私は，この提案を受けてから数日で開花データを揃え，解析を始めることができた．そして，私は無事に卒業論文を書き上げ，学部を卒業することができたのである．

これが私とフェノロジー研究の出会いである．当時は「フェノロジー」という言葉の意味すら知らなかった．その後，修士課程では

---

[3] 界—門—綱—目—科—属—種などの生物の分類学的単位のこと．例えば，ソメイヨシノはバラ科サクラ属ソメイヨシノというふうに分類されるが，「バラ科」「サクラ属」「ソメイヨシノ」それぞれが分類群と呼べる単位である．

卒業論文の再解析を兼ねて九州大学伊都キャンパスで草と樹木の開花フェノロジーの比較研究を継続し，博士課程ではベトナム山間部の森林で樹木の展葉・開花・結実フェノロジーの研究に取り組んだ．そして，今ではフェノロジー研究が私の研究者としての主軸となっている．

1.2 フェノロジーとは

「フェノロジーって何？」

学部4年生の私がそう感じたように，多くの人にとって「フェノロジー」は全く実態のわからない言葉だと思う．私はこれまで9年ほど植物のフェノロジー研究に取り組んできたが，生物学の研究者であっても「フェノロジーって何だっけ」と戸惑う方がいる現状を目の当たりにしてきた．そこで，この節では「フェノロジー」という言葉のルーツを解説しつつ，フェノロジーがいかに人々と関わりが深いものであるかを知ってもらいたい．

フェノロジー（英：phenology）は直訳すると，「生物季節」もしくは「生物季節学」であり，現代の科学において，「季節的な気候変化に応答した生物のライフサイクルやイベント，または，それらを研究する学問」を意味する．ここでいう生物のライフサイクルやイベントとは，植物における発芽・新芽の展開・開花・結実・紅葉・落葉などの現象，動物における繁殖・産卵・子育て・渡り・冬眠などの行動である．

こうした数多の生物たちが見せる現象や行動は，実は驚くほど季節的な周期性を示し，私たちは無意識のうちにそれを感じ取っている．例えば，私たちが「春が来たなぁ」と思うときは，サクラが咲いていたり，チョウが舞っていたりするのを見たときかもしれない．つまり，私たちが普段何気ない拍子に「季節」を感じるとき

は，そこに生物のフェノロジーが関わっていることが多い．

では，人々は生物のフェノロジーをいつ頃から意識し始めたのだろうか．調べてみると，古代ギリシアまでさかのぼることができる．

古代ギリシアの哲学者として著名なアリストテレスは，現代科学の体系的基盤を築いた人物でもある．彼は紀元前4世紀頃，『動物誌（*Historia Animalium*）』において，動物の行動や体の構造について詳細な記録を残している．その中で，鳥類の繁殖や子育て，昆虫類・魚類・鳥類・哺乳類の越冬などの動物に関するフェノロジー，動物に影響を及ぼす季節や天候を記録している．

このようにアリストテレスが動物のフェノロジーを記録したのに対して，彼の友人であり同僚であったと言われるテオプラストスは，植物のフェノロジーを記録している．記録されている植物種は多岐にわたっていた．具体的には，当時栽培されていた食用のナツメヤシや花冠用のスノードロップ，野生の樹木であるオーク類やモミ類などの芽吹きや実りの季節の記録が充実しており，当時の人々にとって関心が強い現象であった様子が伺える．また，テオプラストスは，気象についても詳細な観察の記録を残しており，まさに，世界で初めて，気象と生物の関わりであるフェノロジー研究を始めた人ではないかと思う．

しかしながら，古代ギリシアの時代には，「フェノロジー」という言葉はなかった．「フェノロジー」という言葉が初めて学術的な意味で使われたのは，19世紀半ばと言われている．当時，ベルギーの大学で教鞭をとっていた植物学者シャルル・フランソワ・アントワーヌ・モレン（Charles François Antoine Morren, 1807-1858, **図 1.2**）は，周期的現象に興味をもち，植物の現象について幅広く研究していた．そして，1849年12月16日にブリュッセル・アカデ

図 1.2 「フェノロジーの父」モレン
Demarée & Rutishauser (2011) より引用.

ミーで行われた公開講座で,モレンはこの特殊な科学について詳しく説明し,古代ギリシア語で「現れる(英:to appear)」を意味する「$\varphi\alpha\acute{\iota}\nu\varepsilon\sigma\theta\alpha\iota$(読み:phaenesthai)」に基づいて「フェノロジー(英:phenology)」という言葉を初めて使ったそうだ (Demarée & Rutishauser, 2009).そして,1853 年,モレンは**フェノロジー**という用語を初めて科学論文『Souvenirs **phénologiques** de l'hiver 1852-1853(意訳:1852-1853 年における冬のフェノロジー的記録)』のタイトルに用いた (Demarée & Rutishauser, 2009).そして,これ以降,「フェノロジー」は,オーストリアやラトビア,イタリアのいくつかの科学者や機関によって使われ始め,各地でフェノロジー研究が進んでいった.

現在,モレンは「フェノロジーの父」と呼ばれている (Demarée & Rutishauser, 2011).

1.3 植物の様々なフェノロジー

前述のとおり，フェノロジーはすべての生物における季節的なイベントを指す．しかし，「フェノロジー」を初めて提唱したモレンが植物学者であったためかもしれないが，フェノロジーという言葉を用いたフェノロジー研究は，動物よりも植物を対象としていることが多い．

では，植物のフェノロジーとしてどのような現象が挙げられるだろうか．実は，この質問に答えるのにピッタリな『陸上植物のフェノロジーパターン（Phenological patterns of terrestrial plants）』(Rathcke & Lacey, 1985) という論文がある．私がこれまでフェノロジー研究に取り組んできた中で，道標のように幾度も読み返してきたお気に入りのレビュー論文（通常の研究論文ではなく，1つの大きなテーマについて，過去の研究論文を包括的に取りまとめ，議論した論文）である．

このレビュー論文は，Beverly Rathcke 博士と Elizabeth P. Lacey 博士の2人[4]によって1985年に出版された．2人はこのレビュー論文の中で，植物の発芽・開花・結実という3つの現象それぞれについて，どのような要因（気候帯，利用可能な資源など）の下でそれらが季節的な現象となっているのか，それらのフェノロジーをどのように記録・比較できるのか，どのような環境要因が影響するのか，どのような遺伝的研究がされているかを体系的にまと

---

[4] Rathcke 博士と Lacey 博士は2人とも女性である．このレビュー論文を初めて読んだとき，当時学部4年生だった私は，「こんなにすごいレビュー論文を書ける女性研究者がいるんだ！」と感動した．私の所属していた学科に女性教員が少なかったこともあり，2人の存在は自分の将来を重ねられるようなロールモデルとして貴重な存在だったと思う．

めている．このレビュー論文を参考にしながら，発芽・開花・結実それぞれのフェノロジーがどのようなものかを簡単に説明したい．

まず，発芽は，植物のライフサイクルの始まりでありながら，最も脆弱なタイミングである．発芽直後から実生に成長する段階では，体内の状態を一定に保つ機構が弱く，気温や日射などの気象要因や動物による食害などの生物的要因による影響を強く受けるため死亡率が高い．そのため，実生にとって最適な環境が継続するタイミングで，多くの植物種が新芽を広げるパターンが観察される．例えば，寒すぎも暑すぎもしないちょうど良い気候で，植食昆虫が大量に発生するよりも少し前の初春が考えられる．

開花は，繁殖に同種他個体の花粉を必要とする他殖植物にとって，花粉交換のタイミングであり，他個体と同調して花を咲かせる必要がある．そのため，動物媒植物であれば送粉昆虫が活動する時期に，風媒植物であれば花粉が遠くに飛ぶように雨が少ない時期に花が咲くことで受粉成功率が上がると考えられる．

結実は，開花の集大成であり，成熟した種子を発芽や成長に最適な場所に移動／散布させるタイミングである．多くの被子植物は，種子のまわりを甘い果肉が覆っており，それを食べに来る鳥類や哺乳類に，果肉と共に種子を親木とは別の場所へと運んでもらう戦略をとっている．そのため，結実は渡り鳥が多くなる時期や動物の繁殖・子育ての時期と重なることが多い．

このように発芽・開花・結実は，すべての植物のライフサイクルにおいて，植物の生死や繁殖成功度を左右する重要なイベントである．しかし，もちろん，植物のフェノロジーはこれら3つだけではない．

例えば，何年も生きるような草（多年草）や樹木では，発芽だけでなく毎年の新芽を広げる展葉の時期も，その植物の成長に著しく

影響するフェノロジーである．一般的に，私たちが住んでいるような日本では多くの植物が春に新芽を展開する．このとき，植物は多くの光を得るため，他種が展葉するよりも早く葉を成長させたいのだが，あまり早すぎると遅霜によるダメージを受けてしまうこともある．こうしたメリット・デメリットのバランスの下，植物の新芽は暖かくなってから急速に展開・成長する傾向がある．

　一方で，植物にとっては古い葉を落とす落葉も重要なイベントである．秋から冬にかけてすべての葉を落とす落葉樹は，なるべく長く葉を保って光合成を続けたいが，低温による凍結で葉が傷むよりも前に葉を落としたい．落葉は1年中葉をつけている常緑樹でも起きている．常緑樹が落とす葉は丸1年以上経ち，光合成能力が衰えてきた葉である．常緑樹は，個体としての光合成能力が下がらないように，新芽が十分展開してから葉を落とすような落葉フェノロジーを示す．

　これらの発芽・開花・結実・展葉・落葉が植物の代表的なフェノロジーである．

② いつ花を咲かせるのか？

2.1 植物が作る四季？

あるとき，私の元に「植物が作る四季のサイクルについて教えてほしい」との依頼が届いた．私は思わず手を止めた．文章の意味を理解するのにしばらく時間がかかった．なぜなら，「植物が作る四季」という表現は，文学的には情緒あるが，科学的には正しくないからである．

私の想像だが，「植物が作る四季」という表現をした依頼者は，植物が私たち人間と同じように，意志をもって行動する生き物であると認識しているのだと思う．つまり，植物が花を咲かせて春を告げ，葉を広げて夏を告げ，実をつけて秋を告げ，葉を落として冬を告げるのだと．確かに，私たちを囲む多くの植物は，春に花を咲かせ，夏に葉を広げ，秋に実をつけ，冬に葉を落とし，四季それぞれを彩っている．しかし，誤解してはいけないのは，四季が先にあり，植物はそれに応答しているに過ぎないということである．

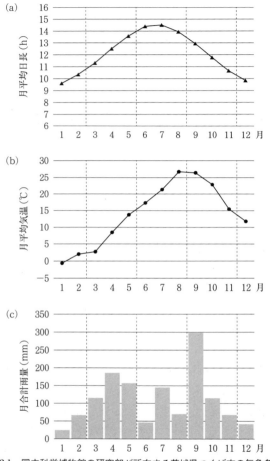

図 2.1 国立科学博物館の研究部が所在する茨城県つくば市の気象条件
(a) 月平均日長. (b) 月平均気温. (c) 月合計雨量.

国立天文台[1]によると，私たちが日々体感している四季（気象学的な季節）とは，3〜5月が春，6〜8月が夏，9〜11月が秋，12〜2月が冬である．これらは，日長・気温・雨量の3つの気象条件の変化によって，それぞれを特徴づけることができる（図2.1）．気温についていえば，春はだんだんと暖かくなり，夏は暑く，秋はだんだんと涼しくなり，冬は寒い．植物は，このような気象条件の変化を感知して，季節の移ろいに応答するように，花を咲かせ，葉を広げ，実をつけ，葉を落とすのである．

2.2 花の季節

　では，なぜ多くの植物は春に花咲くのだろうか．先述のとおり，植物が季節の移ろいに応答して花を咲かせるのであれば，多くの植物種が春に咲くことには意味があると考えられる．これに対する回答は，先行研究（Rathcke & Lacey, 1985）から，気象条件とポリネーターの利用可能性の2つが挙げられる．

　まず，気象条件の点から考えると，春は開花に最も適した気象条件が整う時期である．先ほどの図2.1を見ると，春は日が長くなり，ほどよく暖かく雨が多い．日が長いために，光合成を盛んに行うことができる．ほどよく暖かいために，過剰な水分蒸発や凍結がなく，植物体がダメージを受けることはない．また，雨が多いために，ふんだんに成長ができる．これに対して，冬は寒く乾燥しやすく，夏は暑く乾燥しやすいと考えられる．ただ，秋は春より気温が高いとはいえ，雨量が多く日も長いため，植物の開花にそれほど不適ではないように思われる．

　ここで注意したいのは，植物の繁殖は，花を咲かせ，花粉をポリ

---

[1] https://eco.mtk.nao.ac.jp/koyomi/wiki/B5A8C0E1.html

ネーターや風に運んでもらい，受粉するだけでは終わらないということである．そこから，さらに果実や種子を成熟させなくてはならない（おしべ，雄花や雄株[2]は花粉を飛ばして終わりである）．そのため，受精後から果実や種子が成熟するまでの間も養分が必要であり，長期にわたって光合成ができていた方がよい．これを踏まえると，春に花咲くと，日が長い夏の間に光合成を続け，秋に実を成熟することが可能である．秋に花咲くと，寒く日が短い冬を，十分に光合成できないまま越さなくてはいけなくなる．そのため，次の冬まで最も遠い春に咲く方が繁殖の効率が良いと考えられる．

次に，ポリネーターの利用可能性の点から考える．動物媒植物のうち，他の個体の花粉でないと受粉できない（自家不和合性の）植物種は，ポリネーターが多く出現・活動する時期に花咲く必要がある．そして，ポリネーターが多く出現・活動するのは春なのである．ただ，植物とポリネーターがお互いに関わり合っている関係（相互作用）があるため，ポリネーターが出現する時期に植物が開花するのか，植物が開花する時期にポリネーターが増えるのかはどちらとも言えない．どちらにとってもお互いの存在が，春に咲く，もしくは出現する要因の一つと考えられる．

これら2つのような要因から「多くの植物が春に花咲く」というパターンが形成されたと考えられる．

ところで，読者のみなさんは，春夏秋冬のどの季節が特別好きだ

---

[2] 多くの被子植物は，1つの花に，雌雄両性の生殖器官（おしべやめしべなど）を備えている．しかし，中には，同じ個体内で，花ごとに異なる生殖器官をもつ植物もいる．このとき，雌の生殖器官を備えた花を雌花，雄の生殖器官を備えた花を雄花と呼ぶ．また，同じ種でも個体ごとに異なる生殖器官をもつ植物もいる．この場合は，雌の生殖器官を備えた個体が雌株，雄の生殖器官を備えた個体が雄株と呼ばれる．

ろうか？

　私は，暖かく心地良い空気で満たされ，多くの植物種が花咲く春が好きである．（ただ，私は花粉症なので，スギとヒノキの花粉だけは大敵である．）それに対して，夏は暑すぎてバテるし，秋は寒くなっていく一方だし，冬は寒すぎて霜焼けができるので，それぞれに趣があるとはいえ，それほど好きではない．現在の科学的には，植物に意思があるとは認められていないが，こうした心持ちは，多くの植物にとっても同じなのではないかと私は考えている．

　なんていう私の勝手な妄想は置いておいて，すでにお気づきの方もいると思うが，厳密に言えば，日本では1年を通して何かしらの花が咲いており，春だけが花の季節ではない．例えば，夏はツユクサやハコベ，秋はシロヨメナやヨモギ，冬はヤブツバキやサザンカなどが咲く．彼らは，なぜ，春ではない季節に花咲くのだろうか．

　これまでは春に咲くことのメリットを挙げたが，次は，春に咲くことのデメリットを考えてみよう．ポイントは，春が，多くの植物が開花し，多くの昆虫が出現する時期であることである．

　まず，同じ時期に多くの植物が開花するということは，光・水・土壌中の養分・ポリネーターなどの有限な資源を同時期に存在する植物たちで分けることになる．植物たちは，私たちのように話し合いができるわけではないので，基本的に早い者勝ちの競争である．こうした資源を巡る競争は，資源獲得競争と呼ばれ，同種間だけでなく，同じ資源を利用する他種間でも生じることが知られている．春は，ふんだんに光・水・土壌中の養分・ポリネーターが存在する一方で，開花している植物の間には熾烈な競争も起きているのだ．

　また，春に多くの昆虫が出現するということは，ポリネーターの役割を果たさない昆虫も多くなるということである．すなわち，多くの植食昆虫（植物にとっての害虫）も出現する時期なのである

（そもそもポリネーターの役割を果たす昆虫は花粉を運ぼうとして訪花するわけではなく，食事に来ているだけだが）．そうすると，せっかく養分を使って花を咲かせても，送粉される／受粉する前に花が食べられてしまう可能性が高くなる．そのため，気象条件が整っているからといって，春に開花するのもリスクが高いのである．

このような要因から，春ではない季節に開花することにも大きなメリットがあると考えられる．

ここまで，植物が開花するタイミングへの選択圧，つまり開花期に進化的に影響を与えてきた環境要因について検討してきた．生育環境としての日長，気温，雨量とともに，送粉を担うポリネーターたちの活動も，開花のタイミングに大きく影響を与えている．

本書のこれ以降，気象条件を示す図には，気温と雨量，そして日長のデータも示すが，主に気温と雨量のデータに重きを置いて話を進めようと思う．その理由は2つある．第1の理由は，従来から，温帯や熱帯の森林の開花フェノロジーが，主に気温と雨量のデータに基づいて解析されてきた歴史があるためである．私自身の開花観測データを，先駆者達のデータと比較検討するには，なにはともあれ，気温と雨量のデータを用いなければならない．第2の理由は，日長と開花は，主に栽培植物，つまり作物において詳細に研究されてきたため，野生植物における日長と開花の関係はほとんどわかっていないからである．先ほど，日長と光合成を関連づけて書いたが，実は，一般に，日長は光合成が出来る時間として注目されてきたのではなく，開花のトリガー（引き金）として働くことに注目されてきた．例えば，ホウレンソウのように日長が長くなると開花する長日植物や，イネのように日長が短くなると開花する短日植物の開花において，日長はとても重要な気象条件である．しかし，同時に，日長の影響は，作物でしか研究されていない．裏を返せば，世

界各地の森林を構成する野生植物種における日長の影響を検討できるだけのデータはないのである．

とはいえ，私は，温帯の植物であれ，熱帯の植物であれ，結局は作物と同様に，日長に大きく影響を受けて開花していると思っている．確かに気温や雨量は，開花のきっかけになるに違いない．しかし，作物種の開花のトリガーである日長が，野生種においても重要でないはずはない．だから，今の私には，具体的な議論はできないが，各地の日長は重要なデータであると考えられる．また，一般に緯度とともに変化する日長は，その地域の季節変動の程度を表す簡易的な指標でもある．したがって，本書のこれ以降に登場する各地の気象条件のグラフでは，その生息環境の差異を視覚的にわかりやすくするため，気温と雨量のデータに加えて，参考としての日長のデータも含めて示す．

2.3 フェノロジーの段階

さて，ここまで読み進めてくれた方には，私がやたらと植物のフェノロジー，特に開花フェノロジーに執心していることが伝わったかと思う．しかし，開花フェノロジーにこだわっているのは，私だけではない．実は近年，国際的にも注目されているトピックなのである．なぜなら，気温や雨量の影響を受ける開花フェノロジーは，地球温暖化による気候変動の影響を強く受けると予想されているからである．

これまでの先行研究では，過去数十年の気候変動により，開花期が早くなったこと（CaraDonna *et al.*, 2014）や，今後の温暖化により開花しなくなるという予測（Satake *et al.*, 2013）が報告されている．また，私が修士1〜2年生の頃に，修士研究のサブテーマとして取り組んでいたハクサンハタザオの栽培実験でも，気温上昇によ

って開花期が早まることが実証された (Nagahama *et al*., 2018). このように植物の開花期が変化することにより，植物の花や実を利用する動物にも大きな影響が出ることが懸念されている (Olesen *et al*., 2011).

これらのことから，現在は，各地で観察される開花フェノロジーが，どのように気候変動の影響を受けるのかを予測評価することが世界的に求められている．そのためには，各地における現在の開花フェノロジーを正確に把握することが必要である．しかし，ここで大きな問題がある．開花フェノロジーをどのように評価できたら，正確に把握できたと言えるのだろうか．

開花フェノロジーは，様々な空間的レベルや様々な時間的スケールでの観察・記録が可能である．まず，空間的レベルについては，規模が小さい方から大きい方へ順に考えると，1つの花レベルから，複数の花を含む個体レベル，複数の個体を含む個体群（集団）レベル，同種の個体群をすべて含む植物種レベル，複数の植物種を含む群集レベルまでの記録が考えられる．例えば，日本（屋久島）の照葉樹林で樹木の開花フェノロジーを調査した研究 (Yumoto, 1987, 1988) では，各植物種につき，個体レベルの開花を記録しており，樹高が高い高木種よりも樹高が低い低木種の方が長く咲く傾向を示した．一方で，メキシコ（ミチョアカン州）の熱帯乾燥林で樹木や草の開花フェノロジーを調査した研究 (Cortés-Flores *et al*., 2017) では，植物種レベルの開花を記録しており，高木種よりも低木種の方が，低木種よりも丈が低い草の方が，短く咲く傾向を示した．しかし，後者の研究で用いられている植物種レベルのデータは，1～複数個体の開花情報を統合したものであり，前者の研究における個体レベルのデータとは性質が異なるため，比較できない．

次に，時間的スケールについては，花の咲き始め，咲き盛り

（ピーク），咲き終わりなど，各時点における記録が可能であり，さらに咲き始めから咲き終わりの時期や期間を記録することもできる．例えば，中国の植物 19,631 種の腊葉標本（押し花のように平面に押した乾燥標本のこと．5.3 節参照）に基づいて開花フェノロジーを比較した研究（Du *et al.*, 2015）では，咲き盛り（正確には，咲き盛りの時期に該当すると考えられる中央値）が解析に用いられている．一方で，先述のメキシコにおける研究（Cortés-Flores *et al.*, 2017）では，咲き始めの日が解析に用いられている．

このように，開花フェノロジーを観察・記録する際には，空間的レベルや時間スケールの違いを考慮しなくてはいけない．実は，この点は，第 1 章で挙げた Rathcke & Lacey（1985）がすでに指摘している．その上で，Rathcke & Lacey（1985）は，開花フェノロジーは**図 2.2** 内に示された 7 つの指標

① 植物種の開花期間
② 個体の開花期間の平均
③ 個体の開花期間の分散（ばらつき．同種内で，短く咲く個体から長く咲く個体まで様々あるのか，ほとんど同じくらいの期間咲く個体ばかりなのかなどを表す）
④ 植物種内（同種個体間）の同調性
⑤ 開花個体数の変動を示す歪度（正規分布からの歪み具合．植物種の開花期間の前半に多くの個体が咲くか，後半に多くの個体が咲くかなどを表す）
⑥ 開花個体数の変動を示す尖度（正規分布からの尖り具合．同種内で，どのくらい多くの個体が同時期に集中的に咲くかなどを表す）
⑦ 開花開始日の分散

で表すことができると述べている．

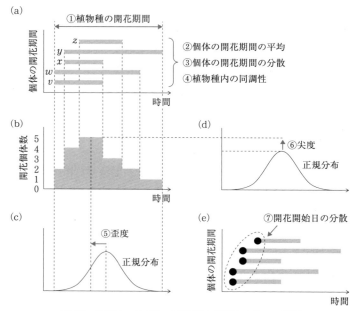

図 2.2 開花フェノロジーを定量的に評価する 7 つの指標

(a) 各線の長さが,ある植物種において,最も早く開花し始めた個体 v, w から最も遅く開花し始めた個体 z を含む 5 個体の開花期間を表す.一番初めに開花した個体 v と w の開花の始まりから,最後に咲き終わった個体 y の開花の終わりまでが①である.また,これら 5 個体の開花期間から,②,③,④を算出できる.
(b) 5 個体の観察結果に基づいて,いつ,何個体が咲いていたかを記録した図.5 個体すべてが咲いていた時期がピークであることがわかる.
(c) 5 個体すべてが咲いていた時期が,正規分布(平均値・最頻値・中央値が一致し,それを軸として左右対称になっている確率分布)のピークからどのくらい左右にずれているか(歪んでいるか)を表す指標が⑤.
(d) ピーク時の個体数が,正規分布のピークからどのくらい上下にずれているか(尖っているか)を表す指標が⑥.
(e) 5 個体の開花の始まりから⑦を算出できる.

2.4 樹木と草で違う？

さて，時を戻して，2015年12月某日．矢原さんに卒業研究のテーマ変更を提案された私の手元にあったデータは，九州大学伊都キャンパスの生物多様性保全ゾーンにおける2015年4月1日から同年7月31日までの植物125種の開花記録である．そして当時，前述したRathcke & Lacey（1985）のフェノロジーを定量的に評価するための7つの指標（図2.2）すべてを用いて，開花フェノロジーの比較を行った研究はなかった．そこで，私はこれらすべての指標を用いた解析に着手した．

ここで検証したのは，「植物の開花フェノロジーは，生活型によってどのように異なるのか」であった．具体的には，植物の生活型を次の3つに分けて解析した．草は，個体の寿命が1年で，1回の繁殖で死んでしまう一年草と，寿命が2年以上で複数回繁殖する多年草の2つに分けた．一年草・多年草に，樹木を加えた3つの生活型の間で，どのように開花フェノロジーが異なるのかを，7つの指標を用いて検討した．ここで生活型に着目したのは，各植物個体の何かしらの適応的な意義を反映する開花パターンは，樹木や草というサイズの差異や，一年草や多年草という寿命や繁殖回数の差異によって異なるかもしれないと予想したからである．

では，実際に観察した九州大学伊都キャンパスの開花フェノロジーのデータから7つの指標を算出し，樹木・多年草・一年草の開花フェノロジーがどのように異なるのかを調べたい．しかし，ここで疑問が生じる．今，手元にある2015年4月1日から同年7月31日までの植物125種の開花記録データは，これらを検証するのに適しているのか．

残念ながら答えはNOである．なぜなら，このデータは4月1日

から観察が始まっており，観察対象125種のうち半数近くが4月1日の時点ですでに開花していたからである．つまり，開花開始日が正確に記録されていなかった．また，7つの指標を算出するためには，個体レベルの開花記録が必須である．

そこで，当時，この研究テーマに燃えていた私は，新たな年からすべてのデータを取り直した．2016年と2017年それぞれの3月1日から7月31日にかけて，九州大学伊都キャンパスの生物多様性保全ゾーンにおいて，調査ルート沿いの植物について個体レベルの開花状況の記録を週1回の頻度で取り直したのである．だが困難だらけであった．

例えば，1個体が明確にわかりやすい樹木ならば簡単だが，わさわさと茂っているような多年草（例えば，シロツメクサ）と一年草（例えば，ウシハコベ）の各個体を認識して開花状況を記録するのはなかなか難しい．そこで，私は生物多様性保全ゾーンに1m×1mの小さな区画を50個ばらばらの位置に作成し，それぞれの区画内に出現する同種を1個体としてカウントするようにした．

また，先述のとおり，私はスギ・ヒノキ花粉症なので，花盛りの3〜4月は，薬を飲んでいても，くしゃみは出るわ，微熱は出るわ，頭は痛いわでとても辛かった．それでも，めげずにこの調査を続けられたのは，やはり花の観察が好きだったからだろう．

こうして得たデータについて，5個体以上の記録ができた植物48種（樹木13種，多年草15種，一年草20種）についてのみを対象に解析を行うことにした．ここで，動物媒植物と風媒植物の種が混ざっていると考察がしにくくなるため，今回の解析対象の樹木は，動物媒植物に限定した．多年草・一年草についても，同様に風媒植物と思われるイネ科植物などを除いた．ただし，動物媒植物であると同時に，自身の花粉でも受精できる（自殖できる）自家和合性の

② いつ花を咲かせるのか？　23

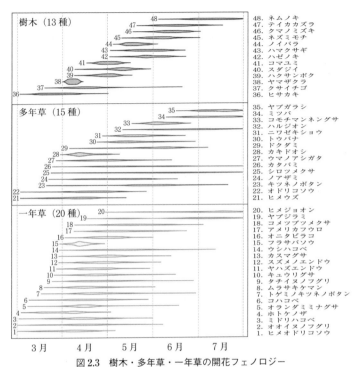

図 2.3　樹木・多年草・一年草の開花フェノロジー

樹木 13 種・多年草 15 種・一年草 20 種について，各線の長さが種の開花期間，厚さが開花個体数の多さを表す．Nagahama & Yahara (2019) より引用・改変．

植物種も含んでいた．

　さて，解析の詳細について説明する前に，実際に観察できた開花フェノロジーを見てみよう．**図 2.3** は，横軸が時期，横線が各種の開花フェノロジーを示している．具体的には，横線の長さが植物種の開花期間，部分的な厚みがその植物種内で開花個体数が多かった時期を表している．そして，上から樹木 13 種，多年草 15 種，一年

草 20 種の様子を開花開始日が早かった順に並べている.

　樹木の開花期間においては，ヤマザクラが最も短く 9 日間咲き，クサイチゴが最も長く 79 日間咲いた．多年草では，コモチマンネングサが最も短く 27 日間咲き，シロツメクサが最も長く 113 日間咲いた．また，一年草では，フラサバソウが最も短く 22 日間咲き，ヤブジラミが最も長く 89 日間咲いた．これらを踏まえて，図 2.3 の樹木・多年草・一年草という 3 つの生活型間で開花フェノロジーを見比べると，多年草・一年草よりも，樹木の方が厚く短い線が多い．すなわち，樹木は個体間で強く同調して，植物種レベルの開花期間が短い傾向にあるように思われる．しかし，これはあくまで主観的な評価である．そこで，開花期間の傾向について客観的な評価を行うために，7 つの指標を用いて，樹木・多年草・一年草という 3 つの生活型間で開花フェノロジーを定量的に比較した．

2.5 「定量的に比較する」とは

　「定量的に比較する」と聞いて，具体的にどんな作業をイメージするだろうか？

　今回のような野外で観察して得たデータを用いて「定量的に比較する」と表現する場合は，統計解析を指すことが多い．しかし，一概に統計解析と言っても，実際に行う作業や検証できる内容は多岐にわたる．この研究で私が行った統計解析を端的に説明するならば，7 つの指標について，樹木・多年草・一年草それぞれの数値（平均）の間に，どのような差があるかを調べたものである．

　具体的な手順は，次のとおりである．
(1) 各植物種について，7 つの指標それぞれを計算した．これにより，各植物種につき，1 つの数値が得られた．
(2) この数値を各植物種の生活型によって，樹木・多年草・一年草

の3つに分けた.
(3) 樹木 vs. 多年草,樹木 vs. 一年草,多年草 vs. 一年草の3通りについて統計的検定を行い,生活型によって数値の平均が有意に異なるかどうかを調べた.ここで,「有意に異なる」とは,その比較したデータ同士の差が偶然であるとは考えにくいこと,すなわち,その差には何かしらの意味があると考えられることである.

これらの統計的検定を7つの指標すべてに対して行って得られた結果(**図 2.4**)について説明したい.まず,最も注目すべきことは,一年草よりも樹木の方が,①植物種の開花期間が短かった(より短く咲いた)ことである.図 2.3 から読み取れた「樹木の方が,植物種レベルの開花期間が短い傾向にある」という主観的な評価は,客観的にも認められたのである.

では,一年草と樹木における植物種レベルの開花期間の差異はどのように生み出されているのだろうか.真っ先に思いつくのは,個体レベルでも,一年草よりも樹木の方が短く咲く可能性である.しかし,図 2.4 を見てみると,樹木・多年草・一年草の間で,②個体の開花期間の平均に有意な差はなかった.すなわち,樹木の個体が,一年草の個体よりも短く咲くために,植物種レベルの開花期間も短くなるということではないのである.

一方で,③個体の開花期間の分散は,一年草よりも樹木の方が小さかった.すなわち,一年草は同種内において,短く咲く個体から長く咲く個体まで様々あるが,樹木の同種内では,各個体の開花期間がほどほどに揃っているということである.ただし,平均すると,両者に有意な差はない.

また,④植物種内の同調性について見てみると,有意な差は検出されなかったが,樹木 > 多年草 > 一年草の順に,同調性が強くな

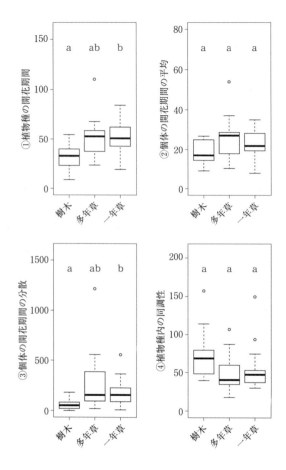

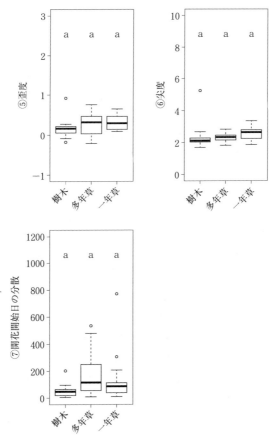

図 2.4 7 つの指標についての統計的検定結果

各指標について，樹木・多年草・一年草それぞれの値のばらつきを箱ひげ図で表している．①と③に有意差が見られた．箱の内部にある黒太線は中央値，箱は第 1 四分位数から第 3 四分位数までの範囲，上下の線は箱の長さの 1.5 倍の範囲の最大値と最小値，白丸は外れ値を示す．それぞれの箱ひげ図の上部にあるアルファベットが同じであれば，その間に有意な差は見られず，アルファベットが異なれば，有意差があることを示す．Nagahama & Yahara (2019) より引用・改変．

る傾向が見られた．

その他の⑤歪度，⑥尖度，⑦開花開始日の分散に有意な差は検出されなかった．

以上のことから，一年草に比べて，樹木の方が植物種レベルの開花期間が短いのは，樹木の同種個体は同調して咲く傾向があり，かつ，同じくらいの長さで咲くからであると考えられた[3]．

先行研究に基づいて考察すると，樹木の方が一年草よりも個体の開花期間の分散が小さいのは，両者の体サイズに伴う撹乱の影響の受けやすさや，開花に費やすための資源（炭素や窒素など）の貯蓄のしやすさなどが影響すると考えられた．例えば，草よりも体サイズが大きい樹木は，草刈りのような予測不可能な撹乱による影響が草に比べて弱く，開花に必要な資源を貯蓄することが可能であるため，開花に適した時期をじっくりと待つことができるだろう．一方で，体サイズが小さい一年草は，草刈りのような予測不可能な撹乱の影響を樹木に比べて強く受けるため，開花する準備が整った個体から早く咲き始め，長く咲く戦略をとると考えられる．

また，多年草や一年草より樹木の方が，個体の開花期間の分散が小さいのは，送粉昆虫の樹木間の移動を促進し，他家受粉を増やすためのメカニズムなのではないかと私たちは思い至った．なぜなら，樹木はより多くの花を咲かせるため，送粉昆虫が1個体に長く滞在すると自家受粉のリスクが高くなるからである．これまでの先行研究（Ohashi & Yahara, 2002）により，同時に開花する個体の密

---

[3] 第2章における，樹木と草の開花フェノロジーを定量的に比較した研究は，矢原さんと共著で，アメリカ植物学会が発刊している『American Journal of Botany』の106巻12号（2019年）に，「Quantitative comparison of flowering phenology traits among trees, perennial herbs, and annuals in a temperate plant community」というタイトルで掲載された内容である．

度が高ければ，送粉昆虫の個体間移動が促進されることが報告されている．これは，開花個体の密度が高ければ，個体間移動のコスト（労力）が個体内移動のコスト（労力）よりも低くなるためである．

Box 1　開花パターンの適応的な意義を説明する仮説

これまでの先行研究により，植物の開花パターンの適応的な意義を説明するために様々な仮説が提唱されており，それらは大きく
① ポリネーター誘引仮説
② 送粉保証仮説
③ 資源利用仮説
の3つにまとめることができる．

まず①は，個々の花が強く同調して短く開花する個体は，より派手で目立つため，行き当たりばったりに，そのとき魅力的な花へ誘引されるポリネーター（ジェネラリスト）をより多く誘引できると考える仮説である．一方で，個々の花が強く同調せず，だらだらと長く開花する個体は，数は少ないが，特定の花に繰り返し訪れる傾向（定花性）があるポリネーター（スペシャリスト）を誘引できる．

次に②は，自身の花粉では受精できない（自殖できない）自家不和合性の個体は，自身の花粉でも受精できる（自殖できる）自家和合性の個体に比べて長く開花すると考える仮説である．つまり，ポリネーターによる送粉を必須とする自家不和合性の個体の場合は，より長く咲くことで，より確実な送粉が保証されると考える．

最後に③は，サイズが大きい個体はより多くの資源を貯蓄でき，かつ，より多くの花をつけることができるので，より長く咲くと考える仮説である．また，予測できない撹乱が起きる場所に生育している個体（特に草）は，撹乱によって繁殖前に死んでしまうことを避けるように，より早く長く咲くと考えられる．

これら3つの仮説において，樹木・多年草・一年草がどのような開花パターンの差異を示すかを予想すると，**表**のようにまとめられる．

表 3つの仮説に基づいた樹木・多年草・一年草の開花フェノロジーの予想

仮説	樹木	多年草	一年草
①ポリネーター誘引仮説	個体は多年草・一年草よりも短く咲き、強く同調する。	個体はあまり同調せず、長く咲く。	個体は樹木よりも同調しない。
②送粉保証仮説	個体は多年草・一年草よりも長く咲く。	個体は樹木よりも短く、一年草よりも長く咲く。	個体は多年草よりも短く咲く。
③資源利用仮説	個体は多年草・一年草よりもばらつき、長く咲く。	開花期間とその分散は、樹木と一年草の中間くらい。	環境変化が予測しやすい生育地の場合、多年草よりも開花期間の分散が小さく、短く咲く。環境変化が予測しにくい生育地の場合、開花期間の分散が大きく、早く長く咲く。

植物の種多様性を知る

3.1 東南アジア研究のきっかけ

　第1章では日本における開花フェノロジー研究について紹介したが，その後の私はもう少し範囲を広くして，東・東南アジアあたりに注目して研究を進めてきた．最近，「なぜ，どうやって東南アジアの研究を始められたのですか？」と尋ねられることが増えてきた．これに対する返事は存外難しく，「機会と環境に恵まれたからです．」と答えることが多い．あらためて思い返すと，私が東南アジアの研究に惹き込まれたのは修士1年生の頃だと思う．

　修士1年生の頃，私は，当時所属研究室のポストドクター（略称：ポスドク）であった田金秀一郎さんの下で，腊葉標本（以降，単に標本と呼ぶ）をスキャンするアルバイトをしていた．田金さんは，矢原さんとしょっちゅう東南アジアの各地に出かけ，様々な植物を採集してきていた．熱帯植物のことなど何も知らなかった当時の私は淡々とスキャンするだけであったが，ある日，田金さんからマレーシア調査のお誘いがあった．お誘いの理由をざっくりまとめ

ると,「とても多様性が高い森林でマンパワーが必要な調査を行いたいけれど, 人手が足りない」ということだった. 私は, 海外における調査の経験はなかったが, フィールドワークは大好きだったので, 初めての土地でも役に立てるかもしれないと思い, ありがたく調査に参加させてもらうことにした.

このマレーシア調査がきっかけで, 私は他の東南アジア調査にも参加するようになり, 大学院の修士1年〜博士2年の間に7か国(カンボジア・タイ・フィリピン・ベトナム・マレーシア・ミャンマー・ラオス) 12地点での調査を経験させてもらった. 今思い返してみても, 大学院生の頃にこれらの国での調査を経験できたことは非常に幸運であったと思う. そのため, 矢原さん・田金さんをはじめとする様々な関係者の方への感謝を込めて, 冒頭の質問には「私が東南アジアの研究を始めたのは, 機会と環境に恵まれたからです.」と答えている.

3.2 ベルトトランセクト法

このようなきっかけで関わることになった東南アジア調査だが, 私は当初この調査の地道さに驚いた. ここでは, 具体的な調査方法や内容についてお伝えしたい.

まず, この調査は, 矢原さんをリーダーとした「アジアにおける生物多様性の現状を評価し, その損失を防ぐための政策提言を行うこと」を大目標とする大型プロジェクトの一端であった. すなわち, アジア全域において, どのような地域に, どのような生物種がどのくらい存在しているのかを明らかにして, 多様性が高い地域や希少種の保全について, 各国に提言できるデータを揃えたいのである. このプロジェクトは, 陸上・陸水・海洋の全域を対象としており, 私が関わっていたのは陸上の維管束植物の多様性調査である.

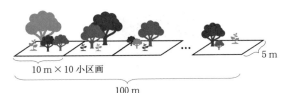

図 3.1　ベルトトランセクト法における調査区のイメージ

この多様性調査の方法を端的に表すなら,「東南アジア各地で, 5 m × 10 m の小区画 10 個をつなげた 5 m × 100 m のベルト状の調査区（**図 3.1**）を作成し, そこに出現する植物種すべてを記録・採集する」というものである. これはベルトトランセクト法と呼ばれる多様性調査の方法であり, 具体的な作業としては, 次のようなものだった.

(1) 調査区の設置

まず, その地域の植生の特徴を表していそうな場所を見つける. 尾根のような少し乾燥したところから, 谷のような少し湿っぽいところまで, あるいは, 高木が生い茂って薄暗いところから, 樹冠が開けて明るいところまでというように, 少しずつ異なる環境が集まっている場所を探す. 次に, それら多様な環境を含むように 50 m メジャーを可能な限り直線に伸ばす. そして, 50 m メジャーに沿って, 0 m 地点から 10 m 地点にかけて, 1 つ目の 5 m × 10 m の小区画を作る（図 3.1）. 小区画内の植物について採集・記録が終わったら, 10 m 地点から 20 m 地点にかけて, 2 つ目の 5 m × 10 m の小区画を作る. この手順を繰り返し, 50 m 地点に達したら, 50 m メジャーを移動させ, 100 m 地点まで小区画の設置を繰り返す. これにより, 5 m × 10 m の小区画 10 個をつなげた 5 m × 100 m のベル

図 3.2　カーボンポールを使って枝を採集する著者
長さ 15 m のカーボンポールの先端には，右の画像のように鎌がついている．（写真提供：田金秀一郎）→ 口絵 3

ト状の調査区が完成する．これらの調査区は，0 m 地点と 100 m 地点の GPS 位置情報を記録しておき，調査が終了次第撤去した．

(2)　植物の記録・撮影・採集

10 個の小区画に出現するすべての植物種を記録し，生態写真を撮影し，その調査区全体で初めて出現した植物種は採集し，標本と

する．すなわち，1つ目の小区画である0〜10 m では，すべての植物種を採集し，標本とする．2つ目以降の小区画 10〜20 m,……, 90〜100 m では，初めて出現した植物種のみを採集し，標本とする．記録は，樹高4 m 以上の樹木類と，林床の草や樹高4 m 未満の樹木類に分けて行った．前者は植物種だけでなく，樹高と周囲長（計測者のおおよその胸の高さで測る．森林調査でよく用いられる．）も記録した．樹木の標本採集には，高さ15 m まで伸ばせるカーボンポールの先に鎌をつけたものを使っていた（**図3.2**）．また，次々と採集した樹木の枝や草には，標本ごとに固有の標本番号をつけていった．

(3) 標本作製

こうして得た樹木の枝や草を標本にする．具体的には，大きさがA3用紙サイズに収まるように，採取した植物の一部を折ったり切ったりして，半分に裁断した新聞紙に挟んで押していく（**図3.3**）．新聞紙には標本番号を書いておく．調査地では効率を重視して五月雨式に標本を採集していくので，とにかく正しい標本番号が書かれた新聞紙に正しい植物を挟み押していくことが重要である．そして，野外から宿泊地に戻ったら，再度それらの新聞紙を開き，その植物種の特徴を表す新芽・葉・花・果実などの部位（**図3.4**）がよく見えるように標本の形を整えたり，乾燥しやすいように一部の葉を切り落としたりする．

(4) 標本の乾燥

標本を平面的に乾燥させるために，A3用紙サイズのダンボールと標本を挟んだ新聞紙を交互に重ね，平らに固く縛り，乾燥機にかける．乾燥機は調査地の宿泊地環境により，電気を使ったり，ガス

図 3.3 野外調査中の標本作製

ベトナムのビドゥップヌイバ国立公園にて．(a) 平坦な場所での標本作製作業の様子．
(b) 傾斜がある場所で，足で踏ん張りながら作業することもあった．
写真 (b) の人物の後ろを通る白線が調査区のメジャーである．(写真提供：田金秀一郎) → 口絵 4

③ 植物の種多様性を知る　37

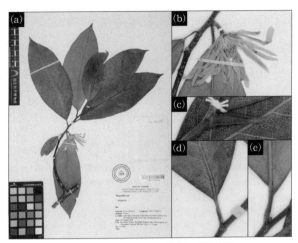

図 3.4　標本で見せたい植物の部位の例
(a) 標本台紙に貼られた標本の全体．(b) 花．(c) 新芽．(d) 葉の表面．(e) 葉の裏面．
この標本は 2020 年 1 月 19 日に，ベトナムのビドウップヌイバ国立公園で採集したモクレン科モクレン属の一種である．生態写真は図 3.6 を参照．→ 口絵 5

を使ったりと様々である．電気供給が安定しているところでは，乾燥機の吹き出し口にビニル袋をかけ，その中に標本を入れる（**図 3.5**(a)）．電気供給が不安定なところでは，現地でガスボンベを購入し，弱火のコンロの熱が当たるように標本を置いて乾燥させる（図 3.5(b)）．当然，標本に火がつかないように注意を払わねばならない．乾燥機は，私たちが寝ている間も野外に出かけている間も稼働させておく．だいたい 12 時間で葉が薄く茎が細い標本が乾き，24 時間でほとんどの標本が乾くので，野外に出かける前後に標本が乾いているかどうかの確認作業を行う．その際，乾燥していた標本はチャックつきのビニル袋に入れて，湿らないように保管する．

図 3.5 東南アジア調査中に現地で標本乾燥する様子
(a) 電力供給が安定している地域では乾燥機を使う．（写真提供：田金秀一郎）
(b) 停電が多い地域では，現地でガスボンベを調達し，火で炙るように乾燥させる．

(5) 生態写真の整理

　熱をかけて乾燥した標本は色や質感が変わってしまうことが多い[1]．そのため，野外で生きていたときの様子がわかる写真（**図3.6**）を，標本番号と対応づけて保管しておくと非常に役に立つ．私たちの調査では，パワーポイントのスライドに標本番号と植物種情報を明記し，写真を貼るという作業をしていた．これにより，後日，特定の標本番号の植物種が何だったか確認したいとき，まずス

---

[1] 熱をかけずに標本を乾燥させる方法もある．例えば，標本を挟んでいる新聞紙の間に吸水用の新聞紙を別に挟んでおき，それらを定期的に交換するだけでも標本は徐々に乾いていく．この方法は，標本に熱をかけずに済むため，(4)の方法に比べると，標本の葉や花が変色しにくく，鮮やかな標本ができあがる．ただ，定期的に吸水用の新聞紙を交換する必要があるため，その手間を考えると，今回のような莫大な数の標本を採集する場合には向かない．また，熱をかけて乾燥させる方法に比べると，乾燥に時間がかかるというデメリットもある．一般的に，熱帯林では，気温も湿度も高いため，標本などのなまものはすぐに腐る．そのため，標本は，採集後なるべく早く乾燥させることが優先される．

図 3.6 野外における生態写真のスライド
モクレン科モクレン属の一種の生態写真．図 3.4 の標本に対応する．（写真提供：田金秀一郎）

ライドから標本番号を検索して写真を確認できるので，標本そのもの（図 3.4）を取り出す手間を省くことができるようになる．

　私たちの調査では，これら (1)～(5) をひたすら繰り返していく．多くの場合，1 つの調査区 (5 m × 100 m) に 2 日間かかる．初日に調査区の前半 3 つの小区画が終われば，2 日目に残り 7 つを終わらせればよい．時折，とても多様性が高い地域にあたると，初日に 2 つしか終わらず，さらに 2 日間かけて同じ調査区に通い，1 つの調査区に 3 日間かけることもあった．このような一連の作業を，1 つの研究対象地域あたり調査区 2～4 か所で，ひたすら繰り返してきた．

3.3 熱帯植物調査の壁

　東南アジア各地の多様性調査で何よりも難しかったのは，植物種の判別であった．この判別の困難は，調査現場特有のもので，のちのちの植物種の同定（植物種名の決定）に先立つ壁とも言える．私たちの調査現場では，必ずしもその植物の種名がわからなくてもよい．しかし，その調査区で初見なのか，すでに採集済みであるのかの判断が求められる．前者であれば採集し，後者であればすでに採集・記録されたどの標本と同種なのかを記録するというふうに，対応が変わるからである．これがなかなか難しい．もちろん，私は学部 4 年生の頃から九州大学伊都キャンパスの植物 48 種 483 個体を判別して，開花フェノロジーを記録する作業をしていたのだから，多少は種を判別する知識はあると当時は自負していた．ところが，マレーシアの熱帯林では，現地で判別すべき種数も個体数も膨大であった．そもそも日本の温帯林と分布している分類群が大幅に異なっており，己の無力さを嘆いた．

　一般的に，高緯度地域よりも低緯度地域の方が温かく，種多様性が高くなると言われるが，まさにそのとおりである．例えば，日本南部や台湾の亜熱帯林で同じように 5 m × 100 m のベルト状の調査区を作り，調査区内に出現する植物種すべてを記録すると，100〜200 種であった．ここから少し南下して，乾季や雨季があるような熱帯季節林では，200 種を超えることが当たり前になる．そしてさらに南下して，1 年中真夏のような熱帯林では，300 種を超えることが増える．これまで調査した中で最も種数が多かったのは，約 500 種が確認されたマレーシアの低地林であった．また，個体数については，1 つの調査区でおよそ 500〜1000 個体くらいが出現することが多かった．

これだけ種数も個体も多いと，採集済みかどうかの判断が怪しくなってくる．採集済みかどうかの判断に迷ったときは，念のため採集し，後日，標本同士を突き合わせて同種かどうかを考える．しかし，これを繰り返すと標本数が多くなり，日々の標本整理が大変になるので，結局は現地で必要最低限の採集で済むように種判別ができた方がよいのである．

　また，もう一つの種判別が難しい理由は，ほとんどの個体が花も果実もつけていないからである．花や果実がない枝でも，葉の形，毛の有無，枝ぶり，新芽の様子などから，おおよその分類群の見当はつく．問題は，同属の別種らしき個体が現れたときである．葉の形態の差が，「種差」なのか「同種内の個体差」なのかという判断は非常に難しい．こういうときに，花や果実があると，ヒントが増えるので助かるのである．

　さて，この多様性調査が行われる前までは，アジアの植物の多様性の中心は，ボルネオ島（マレーシア・インドネシア）やスマトラ島（インドネシア）などの赤道に近いあたりと考えられてきた．近年，アジアで種多様性が高い樹木7科（フタバガキ科・ツツジ科・ブナ科・クスノキ科・クワ科・ムクロジ科・ニクズク科）の植物標本に基づいて，各地の種多様性を評価した研究（Raes *et al*., 2013）においても，マレーシア地域が最も種多様性が高いことが示されていた（**図 3.7**(a)）．しかし，樹木だけでなく，草やつる植物なども含む全維管束植物を対象とした矢原さんの多様性調査によると，実施した12か国167地点（国内5地点を含む）では，ボルネオ島だけでなく，ベトナム南部にも多様性が高い地域があることが明らかになった（図 3.7(b)）．こうした先行研究（Raes *et al*., 2013）と矢原さんのプロジェクトによる結果の食い違いは，東南アジアのような植物相（その地域に生育している植物全種類）が明らかになって

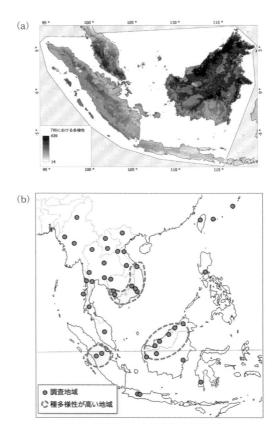

図 3.7 東南アジアの植物種多様性評価

(a) 先行研究 (Raes *et al*., 2013) による植物 7 科の標本に基づいて種多様性を評価したもの．点線で囲んだ部分が種多様性の高い地域を表している．Raes *et al*. (2013) より引用．(b) 矢原さん主導の東南アジアプロジェクトで，ベルトトランセクト法による調査を実施した地域．(図版提供：矢原徹一) → 口絵 1

いない地域では、まだまだ現地での野外調査が必要であることを示唆していた。それと同時に、私たちがベトナム南部の多様性に魅せられていくきっかけとなった。

3.4 分類学との出会い

東南アジア調査に参加するまで、私は分類学たるものを知らなかった。だから、生き物の種というものについて何の疑問も抱いておらず、書店で買える図鑑に載っている種がすべてだった。もちろん、高等学校で教わるような「交配でき、子を残せるかどうかが同種か異種かの違い」という生物学的種概念が、分類学的に完璧でないことは知っていた。それでも、私にとって植物図鑑は教科書的存在であった。

ところが、東南アジア調査に参加してみると、日本で普通に入手できる「これ一冊あれば、一般的な植物種は網羅できる！」というような万能な写真つきの植物図鑑はほぼ存在しないし、それどころか、いわゆる「種」がわからないものがザクザク見つかった。

「なんてこった！　とんでもない世界に来てしまったぞ。」
と私は混乱した。

当時の私の混乱の一因は、同じ種内で形態が多様である事例と、異なる種間で形態が類似する事例が混在していたからだった。同種内かつ個体内における葉の形態の多様性の例としては、ウコギ科植物の葉が挙げられる。ウコギ科植物は、若い葉と成長した葉で形が異なることが多い。ウコギ科植物のうち日本固有種であるカクレミノを例に見てみよう。**図 3.8**(a),(b)は、どちらもカクレミノの1個体における葉である。図3.8(c)のように全体を見れば、個体内で葉の形態が多様な種であることが一目瞭然なのだが、こうした事例に慣れていない段階で、図3.8(a),(b)それぞれの葉のみを見る

図 3.8 葉の形態の多様性
ウコギ科のカクレミノ．(a) 新芽．(b) 少し成長した葉．(c) 全体像．

と，ついつい別種ではないかと混乱してしまう．

もっと混乱するのは，同種内の異なる個体で形態が大きく変わる場合である．**図 3.9** の植物の葉は，どちらもブナ科コナラ属の *Quercus braianensis* という種である．図 3.9(a) の葉は細長く，図 3.9(b) の葉は萎縮したような形をしている．これらの形態の差は，それぞれの個体が生育する環境の差によって生じるようである．当時の私は，これらを即座に同種と判断した矢原さんと田金さんに絶句した．

また，異なる種間で形態が類似する例としては，マツブサ科シキミ属植物の葉が挙げられる．**図 3.10**(a)，(b) のように，シキミ属植物はのっぺりした葉をもち，枝振りも互いに似ている．シキミ属だと見分けることは容易だが，そこから種まで同定するのが難しい．このような分類群は，花のつき方や花の構造（おしべ・めしべの数や形）で種を判別することが多い．図 3.10 の 2 種は，同じ地域に生育していたため，花が観察できなかったら同種か別種かの判断す

図 3.9 ブナ科コナラ属の *Quercus braianensis* における個体差
(写真提供:田金秀一郎)

らできなかったかもしれない.

こうした混乱を何度も経験する中で,分類学とは誰もが認識できる生物のまとまりを見つけて,それこそ教科書的存在になる図鑑のためのベースを作る分野だと考えるようになった.すなわち,先に述べた私の混乱を解決するように,種差と個体差を区別するラインを見つけるのである.

ここで,近年発展してきた分子生物学的手法の分類学への応用に

図3.10 マツブサ科シキミ属における形態の類似例
(a) *Illicium viridiflorum*. (b) *Illicium* sp.（写真提供：田金秀一郎）

ついて触れておきたい．ご存知の方も多いと思うが，最近は，様々な生き物のDNA情報がより簡単に使えるようになってきた．分類学分野では，「種」を見分けるためにもDNA情報が使われており，非常に強力なツールとなっている．例えば，花や実もない葉だけの植物を採集したものの，全く分類群の想像がつかないとき，DNAを使って種同定ができるDNAバーコーディングという手法がある．これは，DNA情報を商品のバーコードのように活用して，種同定を試みるものである．この技術さえあれば，植物種を全く知ら

ない人であっても，DNA情報を使ってすぐに種同定ができる．夢のような技術だと感じるかもしれないが，ここでもやはり「種差と個体差を区別するライン」が問題になってくる[2]．なぜなら，植物の形態情報と同じように，DNA情報にも種差と個体差があるからである．私たち人間が1つの種でありながら，みんな違う顔をしているように，種内にもDNA情報の差がある．どのくらい差があれば種差とみなすのかは，やはり一筋縄ではいかない問題である．

　実際に，形態情報とDNA情報を共に用いつつ，「種差と個体差を区別するライン」を考えるときに大事なのは，「誰もが認識できる」という点ではないかと思う．「種差と個体差を区別するライン」を整理する目的が，教科書的存在になる図鑑のベースを作ることであるならば，DNA情報のみで区別されるだけでは不十分である．研究者もそうでない人も誰もが認識できるラインで区別し，分類することが必要だと思う．一方で，分子生物学的技術が発展した現在，DNA情報に基づく系統関係を無視するのもナンセンスであろう．実際に，形質や形態からは区別が全くできないが，DNA情報では明確に区別されるような種群も存在する．そのため，形態情報とDNA情報を共にバランス良く用いていくことが，今の分類学に求められていることなのだと思う．

3.5　未記載種か否か

　それでは，実際に種名がわからない植物種を見つけたときはどう

---

[2] 東南アジアの植物に関して言えば，問題はこれだけではない．先述のとおり，東南アジアの植物は研究が遅れており，DNAバーコーディングをしようにも，照会するDNA情報データベースに基準となるDNA情報がないことがある．また，そもそも未記載のものが多いため，DNA情報だけわかってもどうしようもないことがある．

するか.

　まずは,すでに出版されている図鑑や論文から形態が似ている植物種を探すことが大事である.先ほど,東南アジアに「万能な写真つきの植物図鑑はほぼ存在しない」と述べたが,より学術寄りの植物種をまとめた「植物誌（Flora）」と呼ばれる書物が存在することは多い.東南アジアで有名なところだと,『Flora of Thailand（タイ植物誌）』,『Flora of Cambodia, Laos and Vietnam（カンボジア・ラオス・ベトナム植物誌）』,『Flora of Vietnam（ベトナム植物誌）』,『Flora of Peninsular Malaysia（マレー半島植物誌）』などがある.これらは各地の植物種について,分類群ごとに各種の形態的特徴や生態情報をまとめている.各種の記載の際に基準となったタイプ標本（ある植物が新分類群の学名として発表されるときに,その学名の証拠となるただ一つの標本として指定される標本）の情報も載っていることがある.そして,多くの場合,属ごとに各種を見分けるための検索表というものが付記してある.この検索表は,種同定するためのフローチャートのようなもので,葉・花・実などの形態情報に基づいて選択肢を追っていくと,該当する植物種に行き当たる.これにより,種名がわからない植物種に最も形態が近い植物種を探すことができる.

　次に,その似ている植物種の形態的特徴や生態情報に,種名がわからない植物種がどのくらい当てはまるかを確認する.この際,タイプ標本と見比べることも大事である.東南アジア植物のタイプ標本は,イギリスやフランス,オランダなどの標本室（ハーバリウム）に多く収蔵されている.これらを実際に見に行くのは大変だが,近年オンライン公開されているものが増えてきた.それらのオンライ

ンデータベース[3]（5.5節を参照）では，種名や分類群名，標本採集者名から検索して，タイプ標本だけでなく，通常の標本も高精度の画像として閲覧が可能である．これらの標本と比較することで，植物誌で形態が似ていると推定された植物種が，自身の手元にある植物種と同種かどうかを判断する．文字情報では似ているように思えても，いざ標本を見たら全く形態が違うということはよくある．ここで，形態的特徴に基づいて別種だと明確に判断できたなら，晴れて今まで誰も記載していない「未記載種」を発見したことになる．一方で，生育環境や花期などを総合的に加味すれば別種だと思われるが，いまいち決め手となる明確な形態的特徴の差異が見られないとき，あるいは，個体差が大きい分類群として知られているとき，DNA情報を用いて既存の種との系統関係を調べるのである．

　ここで，対象となる種や分類群の間の遺伝的な違いを調べる究極の方法は，それらがもつゲノム（その生物の遺伝的特性を表す遺伝子やDNA領域などの遺伝情報すべてのこと）のDNA塩基配列をすべて調べることである（井鷺・陶山，2013）．ただ，現在の技術でこれを実行することは非現実的である．そこで，対象種間で異なる部分的なDNA塩基配列を検出し，比較のために必要な情報だけを得るというのが一般的である．対象種間で異なる部分的なDNA塩基配列を得た後は，それら配列データを並べ替える（アライメントする）作業を行う．これは，端的に言えば，各種の配列データの位置を揃えていく作業である．同じ位置の塩基配列が全く同じなら同種，異なるなら別種と判断できるようなイメージである．アライメントすることで，それら配列データに基づいて系統樹を描くステ

---

[3] 国立科学博物館では，以下のようなタイプ標本のデータベースが存在する．
https://type.kahaku.go.jp/TypeDB/search?cls=vascular

(a) 解析対象の3種　　(b) 平均距離法を用いた例

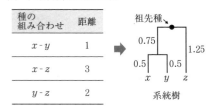

(c) 最大節約法を用いた例

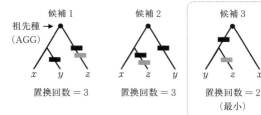

図3.11 系統樹を描く方法の例

(a) 解析対象の x, y, z の3種における塩基配列の例.
(b) 平均距離法を用いた例. まず, 3種間で互いにどのくらいの違いがあるかを表す距離を算出する. 今回は表のように, この距離を3種間の塩基配列で互いに異なる塩基数で表した. 次に, 互いに異なる塩基数が最小である2種（x と y）を系統樹上で組み合わせる. このとき, 系統樹の枝の長さは, 距離1の半分で0.5になる. そして, 残りの1種 z を先ほどの2種（x と y）の組み合わせの外側に組み合わせる. このとき, 枝の長さは, x と z の距離3と, y と z の距離2の平均2.5の半分で1.25になる. このように, 平均距離法では, 種間の距離が小さいものから組み合わせ, 3種に共通する祖先種（図中の●）から3種までの枝の長さが等しくなるように系統樹を作成する.
(c) 最大節約法を用いた例. まず, 3種を含む系統樹の形として, 候補1〜3の3パターンが考えられる. ここで, 3種に共通する祖先種（図中の●）の塩基配列が, x と同じAGGという塩基配列をもつと仮定する. そして, 候補1〜3それぞれにおいて, 祖先種から3種までの間で起きなくてはいけない塩基置換の回数を数えてみよう. 候補1と2では, 祖先種から3種までの間で少なくとも3回の塩基置換が起きなくてはいけない. これに対し, 候補3では, 少なくとも2回の塩基置換が起きればよい. 以上のことから, 起きなくてはいけない塩基置換の回数が最も少なかった候補3が系統樹として採用される.

ップに進める.

　系統樹を描く方法は, 平均距離法や最大節約法などいろいろある (**図 3.11**). 例えば, 平均距離法は, 祖先種 (系統樹の根) から各分類群までの枝の長さが等しい系統樹を作成する方法である (図 3.11(b)). 最大節約法は, 配列データに基づいて候補となる図を複数作成し, それらの中から塩基配列の変化の回数が最も少ないものを選ぶ方法である (図 3.11(c)). すなわち, 系統樹は用いる方法によって形が変わる. そのため, 自身が対象としている分類群の特徴や, 系統樹構築の目的を加味して, どの方法を用いるかを決めることになる. ここは研究者の腕の見せどころでもある.

　こうして得られた系統樹の中で, 自身が調査で得た個体が既存の種と同じ位置にあるか, それとも全く異なる位置にあるかが, 未記載種かどうかを判断する手助けとなる.

3.6 調査地への恩返し

　ところで, 私がこれまで訪れた調査地では, 現地の研究者だけでなく, 大学生や保護区のレンジャー, 地域住民など本当に多くの人たちに協力してもらった. 私が 2018 年 3 月から 2020 年 1 月まで計 8 回訪れたベトナムのビドゥップヌイバ国立公園における調査では, 毎日, 現地研究者 1 人, 大学生 1～3 人, レンジャー 1 人が一緒に調査地に来てくれた. 花も実もない葉ばかりの植物を採集したり, 珍しくもない植物を採集したり, 何度も同じ個体を採集したりするために, 道なき道を歩き, あるときは泥だらけになって一緒に行動してくれた. 彼らの協力なしには, 私の博士研究は成立しなかった.

　私は彼らに何を返せるだろうか. まず, 真っ先に思いつくのは, 協力してもらった調査を無駄にしないことである. 採集した標本が

(a)  (b)

図 3.12 ビドゥップヌイバ国立公園ランビアン山の植物図鑑
(a) 冊子『A Picture Guide for the Flora of Bidoup-Nui Ba National Park I: Mt. Langbian』(Nagahama *et al*., 2019a). (b) ページの一例.
https://sites.google.com/site/pictureguides/home/vietnam/
bidoup-nui-ba-national-park-mt-langbian から無料ダウンロードできる.

あれば，関連する情報をまとめてラベルを作成し，標本としてハーバリウムに保管する．また，調査で得られたデータを成果物として形にし，その地域とそこに生育する植物種を記録に残すこともできる．

　こうした恩返しの気持ちも込めて，私は，度々お世話になっていたビドゥップヌイバ国立公園のランビアン山の植物図鑑を編集・発刊した（**図 3.12**）．これは，ランビアン山に設置していた 30 m × 50 m の調査区に出現した植物のうち，種同定ができた 43 科 117 種についてまとめたものである．図鑑中には，各種の学名，現地名（ベトナム語の名称），証拠となる標本番号とその画像，調査プロット中に出現した個体数やその周囲長や樹高，簡単な植物種の特徴に関する記述などを示した．ただ，当時，大学院生であった私には手に余ることが多く，矢原さんや現地調査の主要メンバーであった田金さんをはじめとする共同研究者の方々の強力な協力がなけ

れば，この植物図鑑は完成できなかったと思う．こうして，なんとか発刊にこぎつけた植物図鑑は，現在，オンラインで無料公開しており，誰でも自由にダウンロードできる．

　また，これらの他に，調査で発見した新種にその地域の名前をつけるということも調査地への恩返しの一つだと考えている．例えば，私たちが2019年にラオスのボラヴェン（Bolaven）高原で採集し，*Gentiana bolavenensis* として発表した種（Nagahama *et al.*, 2019b）や，2018年にランビアン（Lang Biang）山で採集し，*Claoxylon langbiangense* として発表した種（Nagahama *et al.*, 2021）は，いずれもその地域名を種名[4]に含んでいる．これにより，その地域名が広く知られることにつながるかもしれない．

　最後に，調査に基づく研究成果を出すことで，この地域の学術的面白さや重要性を世界に発信することも恩返しの一つだと考えている．例えば，花が見頃の時期やドングリがよく実る年などがわかれば，それに合わせた自然観光ツアーを企画できるだろう．また，周辺地域に比べて種多様性が高いことがわかれば，保全のための資金を得たり，国立公園における雇用を増やしたり，これらをきっかけに他国との共同研究も新しく始めたりなど，様々なことにつながる可能性がある．とはいえ，これらはすぐに実現できないが，私たち研究者が，各地のこれまでの調査データを活用して成果を残していくことで，地道ながらも貢献できていくのではないかと考えている．

---

[4] 種名は，属名と種小名の組み合わせで表される．*Gentiana bolavenensis* の場合，*Gentiana* が属名，*bolabenensis* が種小名である．その地域固有の種でない限り，種小名はその種の形態的特徴を表す方がよいという考え方もある．ただ，例えば，大きい葉を意味する種小名をつけても，後世で，同属でより大きい葉をもつ種が発見されれば，それほど重要な特徴ではなくなってしまう．そのため，結局は，ある程度その種の特徴や分布を表す種小名がつけられれば問題ないと私は思う．

Box 2　自然と共に生きる

「多様性」といえば，私が初めて参加したマレーシア調査について，少し話しておきたい．マレーシア調査は，私がこれまで訪れた東南アジア調査のうち，最も印象に残っているものである．単に，私にとって初めての海外調査だったからということもあるが，それを抜きにしても私の心に刻み込まれたものがあった．

この調査は，2017年1月にマレーシア・サラワク州のタタウという地域で行ったものである．このときは，ビンツルという街から南に95kmほど車で進み，最後に川を小舟で横断した先にあるイバン族の村に滞在した．村といっても，高床式の長屋が1つあるだけの小さな地域であった（**図 3.13**）．その長屋は，いくつかの部屋がつながることで構成されていて，それぞれの部屋には各家族が住んでいる．こうした高床式の長屋で構成される村は大きな川沿いに点在しており，みんなそれぞれの村を小船に乗って行き来していた．（私たちも例にもれず小舟で川沿いの調査地に移動して調査を行った．）

私たちは，そのうちの一家族の部屋に住み込みで滞在させてもらった．もともとは首狩族だったというイバン族の人たちに，初めは少し構えた気持ちがあったが，本当に温かく出迎えてくれて，とても居心地が良い空間だった．ここで1週間くらい生活した私は，自然の恵みを享受して，自然と共に生きるとはこういうことかと強く実感した場面があった．

まず，ここには安定供給される電気・ガス・水がない．電気は燃料を使用した蓄電池を使っており，節約して使う必要があった．電灯は夕飯が済めばすぐ消していた．当然，携帯電話の電波は届かない．ガスは定期的に都市部からトラックで運ばれてくるガスボンベを節約して使う．水は近くの川の上流部からパイプを引いて流れてくるものを使うので，少し茶色なのはご愛嬌である．

食糧はブタや鶏などを長屋の裏で飼育しつつ，トカゲやカエルなどを捕まえてきたり，森の中で果実を拾ったりして，その時々の収穫物

3 植物の種多様性を知る　55

図 3.13　マレーシア調査中の滞在先
(a) 川の対岸からイバン族の長屋を望む．(b) 村から調査地まで船で移動する様子．(c) イバン族の高床式の長屋．(d) 長屋の裏にある高床式の倉庫など．

が食卓に並ぶ（**図 3.14**）．残飯は長屋で一緒に生活している犬猫の食事となる．

　また，大雨が降れば，近くを流れる川が容易に氾濫するのだが，これを見越しての高床式の長屋なのである．エコの観点から見れば問題かもしれないが，川の氾濫により高床式の長屋の下に溜まっていた生ゴミはすべて流され，生活環境はきれいになる．船による村間の往来は控えるようだが，川の氾濫が起きること自体が日常なので，それによる制限もそのまま受け入れられていた．例えば，私たちが都市部に帰る 2017 年 1 月 27 日に川が氾濫し（**図 3.15**），私は「え，帰れないじゃん．どうするんだろう．」という焦りを感じたのだが，住民たちには全くと言っていいほど慌てた様子がなかった．彼らは，「氾濫したなら仕方ないねぇ」というように，自然のありのままを受け入れて，自然と上手に生活して生きていたのだ．

　こうしたイバン族の生活は，現代においては稀少な例かもしれない．

図 3.14 自然に囲まれて生活する様子

(a) 飼育されていたブタ．(b) 調査中のおやつはたいていドリアン．(c) 木に実ったドリアン．熟して落ちてくると凶器になる．(d) 調査中に拾ったドリアン．

図 3.15 日常的な氾濫の様子

マレーシア調査中．イバン族の長屋にて撮影．(a) 2017 年 1 月 25 日．(b) 2017 年 1 月 27 日．(写真提供：田金秀一郎)

しかし，彼らの生活は，生き物の多様性がはるかに高い密林の中に存在する．そして，そこで自然と共に生きているからこその文化が存在する．世界中に存在する生き物や環境の多様性が，私たち人間や文化の多様性につながるということに気づいた瞬間だった．

Box 3　森林伐採の現場を目の当たりにして

　東南アジアでは，その多様性の源である森林が伐採され，失われてきている場所が多数存在する．先述のマレーシア調査地であるボルネオ島も，毎年 1.7 % ずつ森林が減少していると報告されている (Langner *et al.*, 2007)．私の博士研究の調査地であったベトナムでも，コーヒーノキの栽培のため森林伐採が進んでいる (Meyfroidt *et al.*, 2007)．ただ，正直なところ，私は東南アジアで実際に森林伐採の現場を見るまで，その悲劇性を具体的にイメージできていなかったし，伐採をする人たちは森林の価値をわかっていないのだと思っていた．

　私が初めて大規模な森林伐採の状況を目の当たりにしたのは，2019年のラオスだった．このとき，私は調査メンバーと一緒に車で森の中を移動していた．そして，周囲に生い茂っていた森が突如，規則正しく植えられたゴムの木（トウダイグサ科パラゴムノキ）の大群に変わった．まっすぐ伸びた幹に切り込みが入れられ，そこから滲み垂れたラテックス（天然ゴムの原材料となる乳液）を溜めるためのカゴが結びつけられていた（**図 3.16**）．時速 30〜40 km で移動する車で，40分以上同じ景色が続いたのだから，単純計算で低く見積もっても 20 km もゴムのプランテーションが広がっていたことになる．現地のレンジャーによれば，そこは自然保護区内であり，元々は自然林が広がっていたというのだから驚きである．

　ゴムのプランテーション内は薄暗く，林床の植物が少ないため，植物だけでなく動物も多様性が極端に低い環境であることは一目瞭然だった．この森林伐採は，一刻も早く止めなければならないと身をもって感じた．しかし，では，ここでゴムのプランテーションをしている現地の人たちに「これは環境破壊だ．やめなくてはいけない．」と説けばよい話なのか．

　物事はそんな単純ではない．大きな問題の一つは，このゴムのプランテーションを生業として生活をしている人たちがたくさんいるということである．働いている彼らの様相から伺うに，裕福な生活はでき

図 3.16 ラオスにおけるゴムのプランテーション
(a) ラテックスが採取されている様子．(b) 終わりが見えないほど続くゴム林．
(c) 森林伐採の現場．森が残されている左側の部分との境界が明確にわかる．

ておらず，彼らが，この生業がなくては生活できないことは容易に想像できた．さらに問題を複雑にしているのは，このプランテーションから得られたラテックスから生成される天然ゴムを利用しているのは，現地の人ではなく，国外の人たちであるという点である．同様のことが，アブラヤシやコーヒー，コショウなどの広大なプランテーションでも起きている．

　私たちが日常的に受けている天然ゴム・パーム油・コーヒー・コショウなどの恩恵が，彼らの生活の基に成り立っているということを，まず，私たちが知らなくてはいけない．

ところかわれば花かわる

4.1 未知のフェノロジー記述に挑む

　第3章で紹介した多様性調査のうち，7か国12地点の調査に参加させてもらう中で，私は熱帯林の調査が大好きになり，矢原さんに，「博士研究からは東南アジアを舞台に研究したいです.」と伝えてみた．幸運なことに，ちょうど私が博士研究を始めるタイミングで，矢原さんの新しいプロジェクトが始まり，ベトナムにおけるフェノロジー調査に関われることになった．

　ここで，東南アジアでフェノロジー調査を行うにあたり，なぜベトナムなのかを簡単に説明しておきたい．3.3節で述べたとおり，ベトナム南部には，先行研究では明らかになっていなかった種多様性が高い地域がある．この地域には，標高1,500 mを超えた山間部にある森林（以降，山地林と呼ぶ）が広がっていたが，どのようなフェノロジーが見られるのかは全くわかっていなかった．山地林のフェノロジーを調査した先行研究は，マレーシア・キナバル山 (Kimura *et al.*, 2001, 2009) やインド・ニルジル山 (Mohandass *et al.*, 2018）におけるものに限られており，東南アジア大陸部の山地林のフェノロジーは全く記述されていなかったのである．そこで，私と矢原さんは，ベトナム南部のフェノロジーを記述することで，この地域の種多様性の高さを説明できるかもしれないと考え，フェノロジー調査を始めた．

実際に調査を行った場所は，ベトナム・ホーチミンから北東に250 km ほどにあるビドゥップ・ヌイバ国立公園（**図 4.1**(a)）である．ビドゥップ・ヌイバ国立公園は 2004 年にランビアン高原の70,038 ha を包有する形で設立され，公園内の標高は 800 m から 2,287 m までと幅広く，主に熱帯常緑林が広がっている．図 4.1(b) に示すこの公園のある地点●の気候を見てみると，月平均気温は 14.7 ℃（1 月）から 18.9 ℃（5 月）と，通年で大きく変化しない（図 4.1(c)）．一方で，月合計雨量は 19 mm（1 月）から 244 mm（10 月）と，月平均気温に比べると，時期的な変化が見られる（図 4.1(d)）．この月合計雨量の変化から，この地域は，4〜10 月が雨季，11〜3 月が乾季であると考えられる．ただし，乾季であっても降水はあることから，標高が低い地域の森林（低地林）に見られるような干ばつが引き起こされるほどの乾季ではないことが推察された．

私たちはこの公園内に散らばるように 5 つの調査区を設置し（図 4.1(b)），その調査区内の植物種を調べた．具体的には，3.2 節のベルトトランセクト法での調査と同じように，調査区内に出現した樹高 4 m 以上のすべての樹木について，植物種の記録と標本採集を行った．3.2 節のベルトトランセクト法での調査と異なっていたのは，**図 4.2** のように調査区が広くなったことと，**図 4.3** のように調査区内に出現した樹高 4 m 以上のすべての樹木 3,965 個体に標識タグをつけたことである．これにより，各調査区において，各樹種の個体

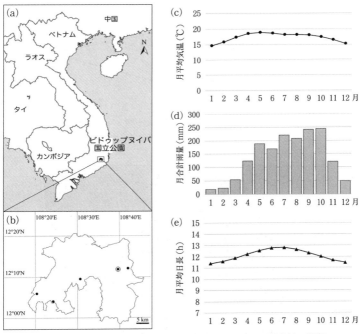

図 4.1　ベトナムのビドゥップヌイバ国立公園における調査地の概要
(a) ビドゥップヌイバ国立公園の位置．(b) 同公園内における 5 つの調査区．
(c)〜(e) 地点●における月平均気温，月合計雨量，月平均日長で，過去 30 年間の平均に基づいて算出した (Fick & Hijmans, 2017)．

数とその個体の位置を記録することができた（**図 4.4**(b)）．この個体数データに基づいて，私たちは，各調査区において個体数が多い優占樹種を明らかにし，個体数上位 20 樹種程度をフェノロジー調査の対象樹種とした．さらに，私たちは，これまでのフェノロジー調査の経験から，各樹種につき 1 個体のみの観察では不十分であることがわかっていたので，樹種ごとに樹高が比較的高く，成熟していそうな 5 個体をピックアップし，フェノロジー調査の対象個体と

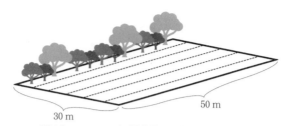

図 4.2 フェノロジー観察用の調査区のイメージ図
ベルトトランセクト法の 5 m×100 m の半分を基本形として，6 列つなげて設置した．

図 4.3 樹幹に付したビニル製のタグ
ビニル製のタグは，ホッチキスで打ちつけられている．→口絵 6

した．これにより，20 種×5 調査区×5 個体＝500 個体がフェノロジー調査の対象となった．

　野外観察は，展葉・開花・結実の 3 つのフェノロジーに絞って行うことにした．ずっとベトナムに住み込み，週 1 回くらいの頻度で観察するのが理想だが，そういうわけにもいかず，3〜4 か月おきに調査区を繰り返し訪問するというスタイルで実施した．もちろ

④ ところかわれば花かわる 63

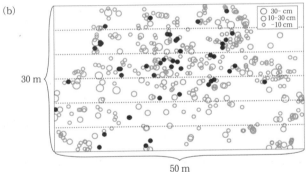

図 4.4 ビドゥップヌイバ国立公園に設置した調査区における樹木の分布
(a) ビドゥップヌイバ国立公園内で観光地としても著名なランビアン山における調査区．(b) 30 m×50 m の調査区で確認された樹高 4 m 以上の樹木 487 個体の位置を○で示した．○は右上の凡例のとおり，周囲長から算出した直径によって 3 段階（直径 10 cm 未満・10 cm 以上 30 cm 未満・30 cm 以上）に分けて示している．
例として，この調査区で採集された新種 *Claoxylon langbiangense*（トウダイグサ科）の位置を●で示した．本種はこの調査区内で，46 個体も記録された．

図 4.5　樹幹につけたビニル製のタグとアルミ製のタグ
ビニル製のタグが樹皮に食い込んでしまい，元の番号が見えなくなったため，のちにアルミ製の標識タグを追加した．追加する際，今後しばらくは樹皮に埋もれないように釘に余裕をもたせて打った．

ん，3〜4 か月おきという頻度だと，花の見頃を見逃してしまうこともあるのだが，意外と，花や実がついていた跡はわかりやすく，未知のフェノロジーの概要を知るには十分であった．この観察は 2018 年 6 月から 2020 年 1 月まで，計 7 回行った．

　とはいえ，実際に観察を始めてみると，様々な問題に直面した．まず，調査区を設置した際の誤同定や誤記録などの軽微な人為的ミスが多数見つかった．よくあったのは，100 番のタグがついたハイノキ科の樹種のフェノロジーをチェックしようと実際に 100 番の個体を見つけてみたら，ハイノキ科植物ではなくムクロジ科植物だったというようなことである．これは隣の個体と葉を見間違えて記録していたり，そもそもタグ番号を間違えて記録していたりしたことが原因と考えられる．

　また，調査が進むにつれ，標識タグの紛失が増えた．今回の私た

ちの調査では，ビニルテープに番号が書かれたものを標識タグとして使い，それらをゴツいホッチキスで樹幹に打ちつけていくというものだった（図4.3）．これらを標識タグとして打ちつけた2018年9月の時点では，なんら問題はないように思えた．だが，調査を重ねるごとに，標識タグが見にくくなっていった．何かしらの昆虫に齧られたり，樹木が成長して樹皮に食い込んだりしたからである（**図4.5**）．

4.2 ベトナムの熱帯山地林のフェノロジー

こうした現地調査特有の問題から，標識個体のすべてで継続的な観察ができたわけではないが，最終的には91樹種の展葉・開花・結実フェノロジーを記録できた．早速それらの結果を見ていこう．

まず，展葉フェノロジー（**図4.6**(a)）を見てみると，観察対象91樹種のすべてが雨季の始まりである4月頃に新芽を広げていた．これは温帯の春先の新緑の季節と似たような傾向と捉えることもできる．一方で，4月以外の時期を見てみると，調査区によって異なるが20～80％の種が継続的に新芽を広げていた．各種の展葉フェノロジーにどのようなパターンがあるのかを見つけるため，データ全体から似たパターンをもつものを集めて集団（クラスター）を作り対象を分類するクラスター解析を行ったところ，91樹種の展葉フェノロジーは，新芽を出す頻度（高中低）から大きく4つのグループに分けることができた（**図4.7**）．これらのうち，高頻度グループは，新芽を広げていた頻度が最も高く，その時期は雨季乾季を問わずであった．一方で，低頻度グループは，新芽を広げていた頻度が最も低く，乾季後半の1月から雨季始めの4月までの間に新芽を広げている傾向があった．また，中頻度グループ①と②は，高頻度グループと低頻度グループの中間的な頻度で新芽を広げてお

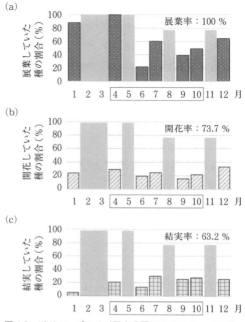

図 4.6　ビドゥップヌイバ国立公園におけるフェノロジー
観察対象 91 種において，展葉・開花・結実していた種の割合を観察月ごとに示した．灰色で塗りつぶされている月は観察していない．四角で囲まれた 4〜10 月は雨季，囲まれていない 11〜3 月が乾季である．また，観察期間全体を通して，少なくとも 1 回は展葉・開花・結実した種の割合を右上に記す．

り，乾季半ばである 12 月から展葉する傾向があった．これらのことから，私たちの調査地であった山地林が，先に推察したとおり，乾季があるとはいえ，低地林に見られるような干ばつが引き起こされるような乾季ではなく，通年で成長可能な環境であることがわかる．

④ ところかわれば花かわる 67

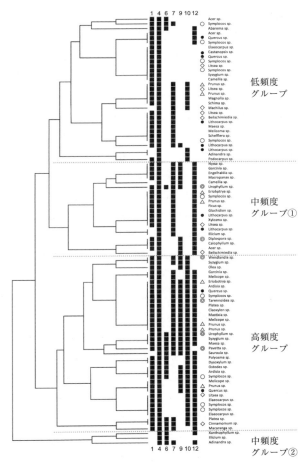

図 4.7 展葉フェノロジーのパターン

左の樹形図において，距離が近い種ほど，展葉フェノロジーのパターンが似ている．
黒い四角は，観察された月における新葉の存在を示している（左から順に，1 月，4
月，6 月，7 月，9 月，10 月，12 月の様子）．
種名の左の記号は，種数が多い 5 科を示す．ブナ科（10 種：●），ハイノキ科（10 種：
○），クスノキ科（9 種：◇），バラ科（8 種：△），アカネ科（8 種：◎）．

次に，開花フェノロジー（図 4.6 (b)）を見てみると，1 年を通して開花している樹種が少なく，温帯の春のような開花のピークがなかった．また，観察対象 91 樹種のうち 32 樹種は 2 年弱の観察期間中に一度も開花しなかった．展葉フェノロジーと同様に，開花フェノロジーについてもクラスター解析を行ったところ，91 樹種の開花フェノロジーは，その頻度（高低）から大きく 3 つのグループに分けることができた（**図 4.8**）．これらのうち，高頻度グループ①と②は，開花していた頻度が高かった．特に，高頻度グループ①は，雨季始めの 4 月から開花し，高頻度グループ②は，雨季終わりの 10 月から開花する傾向が見られた．これらに対し，低頻度グループは，全体的に開花頻度が低く，観察期間中に全く開花しなかった種を含めて，63 樹種が分類された．これらのことから，この地域には 2～3 年もしくはそれ以上の周期で開花する樹種が多いことが推察された．

最後に，結実フェノロジー（図 4.6 (c)）を見てみると，雨季の始めである 4 月頃から乾季の半ばである 12 月にかけて緩やかにピークが見られた．ただ，観察対象 91 樹種のうち 34 種は 2 年弱の観察期間中に一度も結実しなかった．展葉・開花フェノロジーと同様に，結実フェノロジーについてもクラスター解析を行ったところ，91 樹種の結実フェノロジーは，その頻度（高低）から大きく 2 つのパターンに分けることができた（**図 4.9**）．これらのうち，高頻度グループは，結実していた頻度が高く，1 年を通してほとんどの間，実をつけていた．一方で，低頻度グループは，全く結実しなかった種も含め，76 樹種が分類された．これもやはり，この地域には 1 年周期で開花する種が少なく，結実まで至る樹種はさらに少ないことが推察された．

これらの開花・結実の頻度について，○○科植物は花を咲かせに

④ ところかわれば花かわる 69

図 4.8 開花フェノロジーのパターン

左の樹形図において，距離が近い種ほど，開花フェノロジーのパターンが似ている．黒い四角は，観察された月における花の存在を示している（左から順に，1月，4月，6月，7月，9月，10月，12月の様子）．

種名の左の記号は，種数が多い5科を示す．ブナ科（10種：●），ハイノキ科（10種：○），クスノキ科（9種：◇），バラ科（8種：△），アカネ科（8種：◎）．

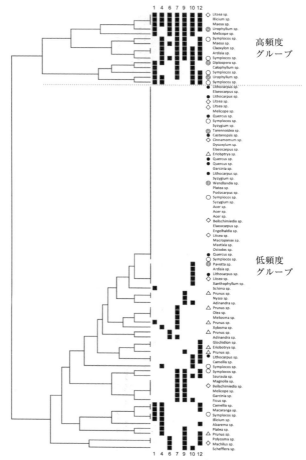

図 4.9 結実フェノロジーのパターン

左の樹形図において，距離が近い種ほど，結実フェノロジーのパターンが似ている．
黒い四角は，観察された月における果実の存在を示している（左から順に，1 月，4月，6月，7月，9月，10月，12月の様子）．

種名の左の記号は，種数が多い5科を示す．ブナ科（10種：●），ハイノキ科（10種：〇），クスノキ科（9種：◇），バラ科（8種：△），アカネ科（8種：◎）．

くいといった分類群による偏りや，樹高が高いほど実をつけにくいといった樹高による差異があるかと予想したのだが，いずれについても各分類群・低木種の種数が少ないため統計的検定は難しかった．ただ，アカネ科のような低木種の方が高頻度で花を咲かせ，実をつけている傾向があったと思う．

また，フェノロジー観察対象としていた個体には，花や実をつけるには未成熟な個体が含まれていたり，同種内に雌株と雄株がある植物であるにもかかわらず，その種一括りで5個体の観察しかできていなかった樹種が含まれていたりした．これらの点を改善しながら，この調査を2020年1月以後も続けていく予定だったのだが，ちょうど同年3月くらいからCOVID-19の感染拡大の影響で海外渡航が著しく制限されてしまったため，この観察は終了してしまった．そのため，この結果は，2年弱（計7回）というフェノロジー調査にしては，観察頻度も年数も少ない観察に基づいている．たらればを言っても仕方がないのだが，この観察が継続できていたならば，どのような面白い結果が得られただろうかと想いを馳せてしまう．

4.3 種間で同調する？

2.2節で述べたように，植物は季節的な変化に応答して花を咲かせており，日本では春が開花に適している．しかし，これは万国共通ではない．日本国内でも南に行けば暖かく春の訪れが早くなり，北に行けば寒く春の訪れが遅くなるように，アジアという規模で考えたとき，1年の中における気候変化は地域によって大きく異なる．例えば，マレーシアの熱帯林では，過去30年間における月平均気温や月合計雨量を見てみると，1年間を通して変化に乏しい（**図4.10**）．すなわち，日本の四季のように，気温や雨量によって作

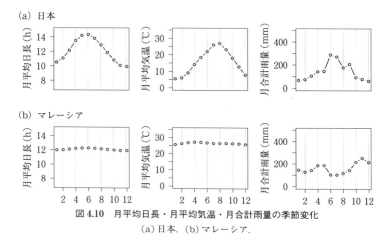

図4.10 月平均日長・月平均気温・月合計雨量の季節変化
(a) 日本. (b) マレーシア.

られる1年周期の季節が存在しないのである.

では,このように季節性が明瞭でない熱帯地域の植物たちは,いつ花を咲かせるのだろうか.寒さや乾燥が厳しい冬がある温帯とは異なり,熱帯は1年を通して暖かい環境であることを踏まえると,時期を問わず年がら年中開花しているのではないかと想像できる.実際に熱帯林には,年がら年中開花している植物種もある.しかし,実はこれらは少数派である.

これまでの先行研究(Sakai *et al*., 1999)によると,東南アジアの熱帯林には様々なタイプの開花フェノロジーがある.例えば,

① 先に述べたような年がら年中開花するフェノロジー(1年未満の周期)
② 温帯と同じように1年周期で開花するフェノロジー
③ 2～3年に1回の頻度で開花するフェノロジー
④ 3～10年の頻度で開花するフェノロジー

などである.これらのうち,③と④のように,数年に一度揃って開

花し結実する開花パターンのことは，一斉に開花することから一斉開花 (mass flowering) と呼ばれている．一斉開花をする植物種としては，ドングリを作るブナ科植物が有名である．

また，④は他の開花フェノロジーと一線を画した面白さがある．なぜなら，3〜10年の頻度で起きる開花現象は，同じ種内だけでなく，複数の植物種間で強く同調して起きるからである．これはエルニーニョ現象などの影響で，例外的な低温と乾燥がしばらく続くと起きると考えられている (Chen et al., 2018)．この開花フェノロジーは，何年も開花していなかった植物種たちが，分類群の垣根を超えて一緒に一斉開花することから general flowering と呼ばれている．ここで，先ほど登場した mass flowering と general flowering は，どちらも一斉開花と翻訳されることが多く混乱を招くため，general flowering は訳さずに書き進めていくことにする．

さて，general flowering が起きて同時に複数の植物種が開花すると，植物種間でポリネーターをめぐる競争が激しくなる可能性や，ポリネーターによって他種の花粉が運ばれて柱頭についてしまい，うまく結実できないような繁殖干渉が起きる可能性がある．そうすると，大勢の他種と同時期に開花することには不利益が大きいように思われる．では，general flowering には，植物にとってそれらの不利益を上回るどのような利益が考えられるのか．この問いに対する答えとして，これまで2つの仮説が考えられている．

1つ目は，general flowering により，ポリネーターをより効率良く誘引できるのではないかという説である．熱帯林は常緑樹が多く，常に葉が茂っているため，日本の春先の花々に比べると花が目立ちにくい．そのため，複数の植物種が一斉に咲くことで花自体を目立たせることができ，ポリネーターを効率良く誘引できると考えられる．

2つ目は，general flowering により，植食者に果実を食べ尽くされないようにできるのではないかという説である．熱帯林は植物種だけでなく，植食昆虫の種数・個体数も多いことが知られている．そのため，複数の植物種が一斉に咲き，結実することで，果実数が植食者の数を上回ることができると考えられる．

さて，このような general flowering を見せる植物種は，熱帯林のどのくらいの種数を占めているのかを見てみよう．実際に，マレーシア・サラワク州のランビル国立公園の熱帯林において，1993年6月～1996年12月（43か月間）に，植物257種を対象としたどの植物種がいつ頃開花しているのかを調べた研究 (Sakai *et al.*, 1999) によると，

① 1年未満の周期の開花フェノロジーが12種
② 1年周期の開花フェノロジーが34種
③ 2～3年に1回の頻度で開花するフェノロジーが48種
④ 3～10年の頻度で general flowering をするフェノロジーが91種

で，残りの72種はこの観察期間中に開花しなかった（**図 4.11**）．

主要な分類群の開花フェノロジーを見てみると，ウルシ科11種のうち3種，カンラン科14種のうち6種，フタバガキ科41種のうち27種，トウダイグサ科23種のうち13種が general flowering を示していた．一方で，

① 1年未満の周期の開花フェノロジー
② 1年周期の開花フェノロジー
③ 2～3年に1回の頻度で開花するフェノロジー

も多く見られた．これらのことから，マレーシアの熱帯林の開花フェノロジーは実に多様であるが，中でも general flowering が主要な開花フェノロジーであることがわかる．

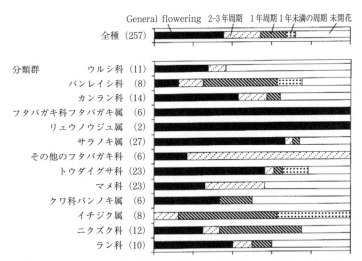

図 4.11 マレーシア・ランビル国立公園における開花フェノロジーの多様性
Sakai *et al*. (1999) より引用.

ここで, general flowering は, 東南アジアの熱帯林に特有の現象と言われていることを申し添えておく. この開花フェノロジーが東南アジアの熱帯林で主要なものであるにもかかわらず, なぜ他の熱帯林では見られないかは未だ謎のままである.

4.4 フェノロジーの緯度勾配[1]

さて, ここまで日本の温帯林とマレーシアの熱帯林における開花フェノロジーを個別に紹介してきた. この節では, それぞれの特性

---

[1] この節の内容は, 九州大学の佐竹暁子教授と共著で,『New Phytologist』の 233 巻 6 号 (2022 年) に,「A cross-scale approach to unravel the molecular basis of plant phenology in temperate and tropical climates」というタイトルで掲載された総説論文の第 2 章の内容である.

を比較しながら，より広い視点でフェノロジーを見てみたい．

まず，温帯林では，繁殖に関わる開花・結実フェノロジーが植物種間で強く同調することがよく知られている．多くの生態学的研究によって，春（3月）から初夏（6月）に展葉と開花のピークがあり（Chang-Yang *et al.*, 2013; Nagahama & Yahara, 2019），秋の終わり（11月または12月）に結実のピークがあることが実証されてきた（Takanose & Kamitani, 2003）（**図 4.12**(a)）．温帯林から少し南下して，亜熱帯林の展葉フェノロジーについて見てみると，春に大きなピークと秋に小さなピークがあると報告されている．しかし，開花と結実フェノロジーについては，それぞれ春と秋に緩やかなピークが見られただけであった（図 4.12(b)）．さらに南下した熱帯林では，展葉・開花・結実している植物種が通年で観察されるため，それらのピークが不明瞭になる（図 4.12(c)）．これらの研究から，フェノロジーの差異を高緯度地域である温帯林から低緯度地域である熱帯林までのグラデーションのように考えると，低緯度地域になるほど，展葉・開花・結実などのフェノロジーの季節的ピークが減少することがわかる．

また，こうした緯度に応じたフェノロジーのグラデーションを考えていると，もう一つ見えてくるものがある．それは，年周期の減少である．温帯林では，森林タイプ（落葉樹林または照葉樹林）にかかわらず，群集レベルでの展葉（Nitta & Ohsawa, 1997; Li *et al.*, 2005; Edwards *et al.*, 2017）や開花（Chang-Yang *et al.*, 2013; Nagahama & Yahara, 2019）の年周期が存在することが一般的である．一方で，熱帯林では，展葉フェノロジーに緩やかな年周期（Nakagawa *et al.*, 2019; Kitayama *et al.*, 2021）が認められるものの，開花・結実のフェノロジーにおける年周期はわずかである．実際，4.3節でも書いたように，マレーシアの熱帯林で最も多い開花

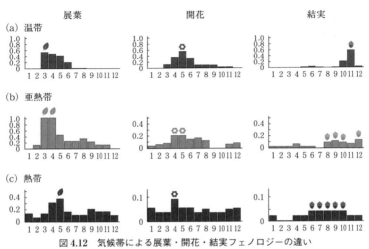

図 4.12 気候帯による展葉・開花・結実フェノロジーの違い
(a) 温帯・(b) 亜熱帯・(c) 熱帯における展葉・開花・結実フェノロジーの一例．横軸は月，縦軸は展葉・開花・結実していた種の割合を表す．Satake et al. (2022) より引用・改変．

パターンは，年周期がない general flowering なのである (Ashton et al., 1988; Sakai et al., 1999).

このような植物のフェノロジーの緯度に応じた地域差は，なぜ，どのようにして生じたのだろうか．これは，生態学や進化生物学の中心的な問いである．もちろん，各地域の森林を構成する植物種や分類群は異なるため，そうした系統関係の違いによるフェノロジーの違いは当然生じうる．ただ，同じ植物種であっても，マレーシアの熱帯林に生育する個体は general flowering を示し，タイの熱帯季節林（乾季と雨季がある熱帯林）に生育する個体は1年周期の開花を示したという報告がある (Kurten et al., 2018). そのため，フェノロジーの地域差は，そこに生育する植物の系統関係だけでは，必ずしも説明できないようである．

一方で，日長・気温・雨量などの地域特異的な環境シグナルに対する植物の生理的な応答を考えると，もう少し深く説明できそうである．まず，これら3つの環境シグナルの季節的な変化そのものについて考えてみよう．図 **4.13**(a) のとおり，日長・気温の季節的な変化は緯度によって異なる．日長と気温の間には，日長よりも遅れて気温が変化することによって生じる楕円状の関係がある (Hut *et al.*, 2013)．また，この日長と気温による楕円を，温帯と亜熱帯林の間で比較すると，亜熱帯林の方が楕円の長軸の直径が短く，季節変動が小さくなっていることが読み取れる．そして，熱帯林になると，これらの季節性はほとんどなくなっている．

次に，こうした日長・気温の季節性と植物のフェノロジーを合わせて考えてみよう．図 4.13(a) に描かれた葉や花の絵の位置を見てほしい．温帯林と亜熱帯林では，日長が長くなる時期に，新芽が広がり，花が咲く．また，結実は日長が最も短く，気温が最も低くなる冬の直前にピークを迎える．一方で，熱帯林は，植物における展葉・開花・結実などの現象と日長や気温との間に明確な関係はほとんど見られない．

以上のことから，日長の規則的な変化だけでは，東南アジアの熱帯林で，数年間隔で不規則に起こる general flowering を説明できないことがわかる．また，温帯植物の開花フェノロジーは，気温変化（特に低温）が強く関連すると考えられてきたが (Luedeling, 2012)，熱帯植物のフェノロジーを説明するには十分ではないと考えられる．

では，何が影響しているのか．近年，熱帯植物では，むしろ，雨量や低温とまではいかないわずかな気温変化が，東南アジアの熱帯林のフェノロジーを制御する上でより重要な役割を果たしているのではないかと考えられてきた．このことは，図 4.13(b) が示すよう

④ ところかわれば花かわる　79

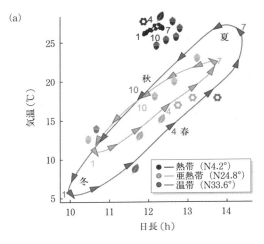

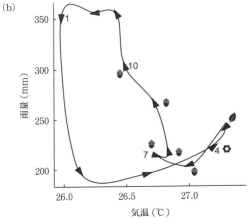

図 4.13　温帯・亜熱帯・熱帯における気候の季節変化
(a) 温帯・亜熱帯・熱帯における日長と気温の季節変化．(b) 熱帯における気温と雨量の季節変化．
いずれも三角の矢印が季節の方向を示す．また，葉・花・果実のマークは図 4.12 で示した各地における展葉・開花・結実フェノロジーのピークを示す．Satake *et al.* (2022) より引用．→ 口絵 2

に雨量が少ない2〜3月に続く4月の開花の弱いピークや，雨量が増加する局面に結実の弱いピークが訪れることからもわかる．

　近年の研究では，気温が展葉の主要な引き金となり得ることが実証され (Kitayama *et al*., 2021)，雨量の不足，または低温とまではいかないわずかな気温変化と干ばつの相乗的シグナルが，東南アジアの熱帯林における開花と，それに続く結実の引き金となり得ることが示された (Sakai *et al*., 2006; Chen *et al*., 2018).

⑤

過去をさかのぼる

5.1 暖冬だと早く咲く？[1]

　近年，植物学者の懸念を招いているのが，温暖化によって植物の開花期が大きく変化するという現象である．先にも述べたように，植物は基本的に気温の変化を，季節が移行したことを示す指標としながら開花期を決めている．そうすると，温暖化が進み気温が高くなってしまうと，より早い時期の開花が起きうる．このように開花期が早くなると，何が問題なのだろうか．

　結論から言うと，植物も動物も個体数が減ってしまい，極論，多くの生物種が絶滅してしまう可能性が出てくるからである．例えば，植物種が花粉を動物に運んでもらう動物媒であるならば，そのポリネーターが出現する時期に咲かないと送粉されない．もちろん，温暖化による気温上昇は，植物だけでなく，そのポリネーター

---

[1] この節の内容は，『国立科学博物館研究報告 B 類（植物学）』の 50 巻 2 号（2024 年）に，「Altered Trends in Spring- and Autumn-Flowering Species in Japan in Response to Global Warming」というタイトルで掲載された論文の内容である．

の出現時期にも影響するが,その植物種の開花期とポリネーターの出現時期はそれぞれ独立に影響を受けるため,両者が同じだけ変化するとは限らない.すなわち,気温が上昇すると,植物の開花期とポリネーターの出現時期の間にずれが生じる可能性がある.このずれによって植物は受粉が成功する確率が激減し,ポリネーターは食料としていた蜜や花粉の供給源に出会えない確率が激増すると考えられる.また,ポリネーターたちが飢えるだけではなく,受粉できなかった花は結実できない.そうなると,果実を食べているすべての動物たちは飢え始めるはずである.私たちも,果実が食べられなくなることが容易に想像できる.これは深刻である.

では,実際,気温が高くなって,どのくらい植物の開花期に影響が出ているのだろうか.私が現在所属している国立科学博物館には,筑波実験植物園(**図 5.1**)が附属しており,2002 年 4 月頃から今日まで,園内の主な植物について開花状況をほぼ週ごとに記録している.すなわち,過去 20 年以上の開花記録が蓄積されているのである.私はこの記録のうち,園内の屋外に植栽されている日本在来植物であり,かつ,十分なデータが記録されていた 344 種に注目して,それらの開花期が過去 20 年で変化したかどうかを調査した.具体的には,
(1) 344 種の開花期が気温変化の影響を受けるのか
(2) (1)で気温変化の影響を受ける植物種は,どのように開花期が変化しているのか

という 2 段階で解析を行った.

344 種の開花期が気温変化の影響を受けるのかを調べるために,まず,各植物種において過去 20 年間における平均開花日を算出した.そして,その平均開花日からさかのぼった 70 日間 (10 週間) の平均気温が開花に影響するとみなし,各植物種の各年における

図 5.1 筑波実験植物園
(a) 温室．(b) 水生植物ゾーン．(c) 山地性植物や針葉樹林ゾーン．→ 口絵 7

平均開花日からさかのぼった 70 日間の平均気温を算出した．これにより，各植物種において，20 年間の開花日と平均開花日からさかのぼった 70 日間の平均気温のデータが揃ったことになる．このデータを用いて，一般化線形モデル (generalized linear model; GLM) という統計解析を行い，平均開花日からさかのぼった 70 日間の平均気温が高いと開花期が早くなるのか，遅くなるのかを調べた．その結果，344 種中 120 種が気温が高いと開花日が早い関係があり，18 種が気温が高いと開花日が遅い関係があることが明らかになった．

次に，これらの 138 種について，過去 20 年間でどのように開花日が変化しているのかを調べるために，単純移動平均 (simple moving average; SMA) というものを算出した．これは，今回使っている開花記録のような時系列データにおいて，平均を算出する

期間を定め，その期間を移動させながら平均を求めていく手法である．より長期的な傾向を確認するために使われる．今回の場合は，植物の開花日の変化は，短くとも10年くらい観察しないと変化が見えにくいものなので，10年ごとに平均をとる範囲を移動させた．すなわち，2003～2012年の10年分の平均から，2013～2022年の10年分の平均まで11個の平均を求めたことになる．そして，これらの値を図示して，傾きが右肩上がりか右肩下がりか，あるいは，ほとんど傾きがないかで開花日の変化を判断した．

その結果，気温が高いと開花日が早い関係を示した120種中64種が明瞭に右肩下がりの傾き，すなわち，開花日が年々早くなる傾向を示した．特に，ツツジ科のドウダンツツジ，ハナヒリノキ，モクセイ科のオオバイボタ，バラ科のオオシマザクラ，モミジイチゴなどの5種は，過去20年間で開花日が10日以上も早くなっている傾向が見られた（**図5.2**）．

また，気温が高いと開花日が遅い関係を示した18種中17種が明瞭に右肩上がりの傾き，すなわち，開花日が年々遅くなった傾向を示した．特に，キツネノマゴ科のキツネノマゴ，キク科のオケラ，ベンケイソウ科のタイトゴメ，リンドウ科のセンブリ，シソ科のヤマハッカ，テンニンソウ，ユリ科のキイジョウロウホトトギス，モッコク科のハマヒサカキ，タデ科のイタドリ，イヌタデ，ユキノシタ科のユキノシタなどの11種が，過去20年間で開花日が10日以上も遅くなっている傾向が見られた（**図5.3**）．

さらに，これらの植物種が1年の中のいつ頃に開花するのかを**図5.4**に示してみると，気温上昇とともに開花期が早くなる傾向が見られた種は3月から7月にかけて，気温上昇とともに開花期が遅くなる傾向が見られた種は8月から11月にかけて開花していた．すなわち，端的に言えば，温暖化により気温が上昇すると，春咲きの

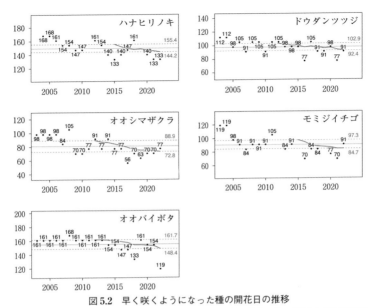

図 5.2　早く咲くようになった種の開花日の推移
過去 20 年間で 10 日以上開花日が早くなっていた 5 種．横軸は年，縦軸は年間通算日を表す．図中の黒点と黒字が各年の実測値（開花日），灰色の曲線がそれらについて 10 年ごとの SMA を算出したもの（主な傾向を表す），灰色の字が SMA の最高値と最低値，灰色の実線が実測値の平均を示す．Nagahama *et al.* (2024) より引用・改変．

植物種は開花期が早くなりやすく，秋咲きの植物種は開花期が遅くなりやすいということである．

　個々の種の観察を長期にわたって観察することは難しく，実際にどのような変化があったかは観測できていない．しかし，こうした開花期の変化は，ポリネーターや他の生物にも何かしらの影響を与えたと考えられる．もし，今後も温暖化が続くようであれば，こうした開花期の変化がより過激になるかもしれない．そして，その過激な変化が，より多くの植物種で起きるのであれば，私たちの身の

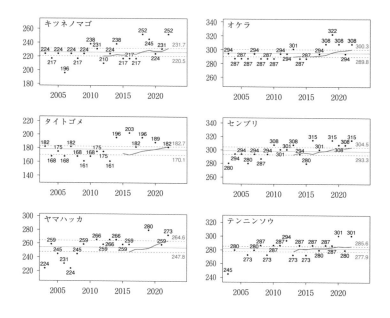

まわりの生態系の多様性へ重大な影響を与え,予期せぬ事態を生み出すかもしれない.

こうした気温上昇に伴う開花フェノロジーの変化は,地球規模ではいったいどうなっているのだろうか.確かに,こうした開花フェノロジーの変化は,断片的に様々な地域で報告されている.しかし,地球規模で見れば情報不足であることは否めない.その上,それぞれの植物種で気温上昇に伴う変化が,どのように異なるのかも明らかではない.だからと言って,情報が不足・欠如している国や

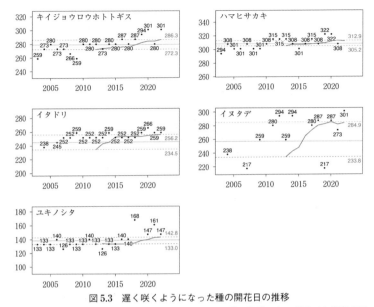

図 5.3 遅く咲くようになった種の開花日の推移

過去 20 年間で 10 日以上開花日が遅くなっていた 11 種．横軸は年，縦軸は年間通算日を表す．図中の黒点と黒字が各年の実測値（開花日），灰色の曲線がそれらについて 10 年ごとの SMA を算出したもの（主な傾向を表す），灰色の字が SMA の最高値と最低値，灰色の実線が実測値の平均を示す．Nagahama *et al.* (2024) より引用・改変．

地域で，植物種ごとに開花フェノロジーのモニタリングを，これから始めていては時間がかかりすぎる．温暖化は，こうしている今もどんどん進んでいるのである．

「過去にタイムトラベルできたらいいのに…」

そんな研究者の悩みを解決したのが，標本室（ハーバリウム）に収蔵された数多の植物標本群である．

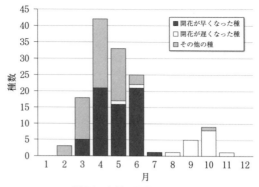

図 5.4 各種の開花日の分布

「その他の種」は,開花日と気温の間に相関があったが,過去 20 年間で開花日に明瞭な変化が見られなかった種.

5.2 ハーバリウムとは

　私が所属している国立科学博物館の維管束植物の標本室(ハーバリウム)は,研究員の居室と廊下を挟んで向かい合わせになっている.ハーバリウムに入ると,ひやっと冷えた空気が身体を包む.目の前には,背よりも高い標本棚がずらりと並ぶ(**図 5.5**).標本棚の扉を開けると,そこには夥しい数の標本が整然と積み重なり,私たちが手に取るのを待っている.

　ハーバリウムは,標本を収集し,体系的に整理・保存し,研究活動を行う機関やその標本室を指す.大学や博物館,植物園などに付随して設置されていることが多い.各国の主要なハーバリウムは,国際的なカタログ(Index Herbariorum)[2]に,それぞれのハーバリウム固有の略号(acronym)と共に登録されている.国内

---

[2] https://sweetgum.nybg.org/science/ih/

図 5.5 国立科学博物館のハーバリウム
(a) 標本棚. (b) 積み重なった標本群.

では,国立科学博物館 (TNS),東京大学 (TI),京都大学 (KYO),鹿児島大学 (KAG) など,全国で 70 か所が登録されている.世界的に有名なハーバリウムとしては,イギリスのキュー王立植物園 (Royal Botanic Gardens Kew; K),フランスのパリ自然史博物館 (Muséum National d'Histoire Naturelle; P),オランダのナチュラリス生物多様性センター (Naturalis Biodiversity Center; L),アメリカのニューヨーク植物園 (The New York Botanical Garden; NY) などがある.

ところで,今でこそハーバリウムは植物標本館や標本室として当たり前のように受け入れられているが,そもそもはどこから何のために始まったものなのだろうか.

この質問に答えてくれる書籍が 2020 年に出版されている.アメリカのニューヨーク植物園の Barbara M. Thiers 博士が執筆した『ハーバリウム:世界の植物を保存・分類するための冒険 (Herbarium: The Quest to Preserve and Classify the World's Plants)』(Thiers, 2020) である.Theirs 博士によれば,ハーバリウムの起源は,16 世紀までさかのぼる.当時,イタリアのボローニャ大学で教鞭をとっていたルカ・ギーニ (Luca Ghini, 1490-1556

年）は，学生たちに文章や絵を見せるのではなく，実物を観察させることに重きを置いて，薬用植物の講義を行っていたという．ギーニは，植物が枯れていたり，休眠したりしている冬にも学生たちに実物を観察してもらうために，ハーバリウムの発案に至った．まずは，ハーバリウムの標本となる生の植物を，生きているときの様子に近い形で紙の間に挟み，平面になるように圧力をかけ，水分をとばす．次に，標本が完全に乾いたら，スケッチブックのような白紙の本のページに糊で貼る．そして，ページの余白にはその植物の名前や目立つ特徴，薬効などを明記したようである．これが，ハーバリウムの始まりである．なんと，ハーバリウムの始まりは本型だったのである！　その後，1603年に，おそらくギーニが発案した本型のハーバリウムが基となり，現在使われている標本室のようなハーバリウムが確立されたと考えられている．

5.3 標本の保管

植物の標本とは，どのようなものなのか．

第3章で，標本にする植物を押し花のように，A3用紙サイズに折った新聞紙に挟み，押し，乾燥させるところまでは説明した．これらの標本は，正式には腊葉標本（「腊」には「干す」の意味がある），あるいは押葉標本と呼ばれる．キツネノマゴ科・ショウガ科・ラン科植物など分類群によっては，押して乾燥させてしまうと花の形態がわからなくなってしまったり（図 5.6），煮戻し[3]による復元がしにくかったりするため，70%エタノールに浸けた液浸標本を作る．

---

[3] 標本の一部（花・果実など）を標本から採取し，お湯につけると，元の形に戻ることがある．この作業を煮戻しと呼ぶ．煮戻しにより，元の形に戻った花や果実を解剖することで，平面的な状態では確認できなかった内部構造を確認できる．

⑤ 過去をさかのぼる　91

図5.6　キツネノマゴ科植物の標本
(a) 全体像．(b) 花の拡大画像．
花弁（花びら）が薄く，乾燥した標本では，花の形態がわからない例．→ 口絵8

　ハーバリウムでは，標本を紙テープや糸，糊などを使ってA3用紙サイズくらいの標本台紙に貼りつけていく．これだけ聞くと，標本なんて趣味で作る「押し花」と同じじゃないか！　と思われるかもしれない．しかし，標本は情報が付随することで，「押し花」と決定的に異なる学術的記録となる．そのため，恒久保存を前提に作製され，保存管理される．

　図3.4(a)や図5.6(a)の標本画像を見てもらうとわかるように，標本台紙にはラベルが一緒に貼付される．ラベルには，その植物の分類群情報（科名や種名），採集地情報（最近は地名に加えてGPS位置情報や標高も載せる），採集年月日，採集者，標本番号（採集者がつけたもの），その他の情報（生育環境，樹高，つる植物か樹木か，また乾燥すると退色する花や葉の色など）を明記する．ラベルがあることで，その植物が，いつ・どこで・誰が採集したものな

のかを知ることができる．

　また，一口に標本台紙と言っても，どんな紙でもよいわけではない．身近な厚紙は，多くの場合酸性紙で，何年か経つとボロボロになってしまう．したがって，標本台紙は，保存性の観点から，経年劣化をほとんどしない 100 % アルファセルロース紙またはコットン紙（100 % rag paper）の無酸紙（acid free）が適していると考えられている．さらに，機能性の観点から，
① 色が純白でなく，落ち着いていること
② 縦方向にコシがあり，しなりにくいこと
③ 軽量であること
④ 繊維が低密度でクッション性があること
⑤ 接着剤と相性が良く，スタンプやペンのインクが滲まないこと
などが挙げられている（田中ら，2022）．

　ちなみに，日本のハーバリウムでは，金井（1972, 1974）により，ヒートシールによる標本の貼付法が開発されて以来，国内ハーバリウムのほとんどがポリエチレンラミネート紙（商品名：ラミントンテープ）と電熱コテを使用した貼付を行っている．ラミントンテープの開発以前は，アラビア糊や糸による標本貼付が主流だった．しかし，アラビア糊は乾燥に時間がかかり，糸で縫いつけるためには標本を持ち上げるなどの手間がかかる．その点，ラミントンテープは標本を作業台に置いたまま作業ができ，乾燥を待つ必要もない．

　こうして台紙にラベルと共に貼られた標本は，分類群ごとに区分けされた標本棚に配架される．最近のハーバリウムの多くは，1998年に公表された被子植物の DNA に基づいた APG（Angiosperm Phylogeny Group；被子植物系統グループ）分類体系に則って，標本棚が整備されている．APG 分類体系は，1998 年に APG I，2003 年に APG II，2009 年に APG III，2015 年に APG IV というよ

うに，随時，最新の分子系統解析の結果を反映して修正されてきた（倉田，2020）．国立科学博物館のハーバリウムは，これらのうちAPG III の分類体系を採用し，各科ごとに標本棚を区分けしている．そのため，閲覧したい植物種の科がわかれば，莫大な標本の山の中から，すぐに目的の標本を探し出すことができる．

こうして配架された標本は，カビや虫害に気をつけながら保管される．カビは，酵素分解や菌糸の物理的な侵入によって，標本や標本台紙の変色や劣化を引き起こすため警戒される．生育に水分を必要とするカビが標本に発生するきっかけは，主に3つ考えられ，
① 標本自体の乾燥が不足している場合
② 標本の保管場所が高温度・高湿度環境である場合
③ 標本が結露した場合
である．これらを防ぐためには，標本を作製する際に十分気をつけること，低温度・低湿度に保つことが大事である．

これらに対して，虫害は主にシバンムシ類やシミ類などによる食害である．シバンムシ類の手にかかれば，標本はたちまち粉々になる．特に，植物の種同定に大事な花は，たいてい植物体の他の部位に比べて柔らかいため，真っ先に粉々になる．自分にとって思い入れのある標本が粉と化すのはとても悲しい．これを防ぐためには，シバンムシ類を一切ハーバリウムに入れない・発生させない・広げないことが大事である（**図5.7**）．入れないという点においては，冷凍による殺虫処理が有効である．実際，国立科学博物館では，外部から届いた標本をハーバリウムに収蔵する前に，必ず1週間程度冷凍処理してから配架作業に取りかかる．また，発生させない・広げないという点においては，シバンムシ類の一種であるタバコシバンムシは，湿度70 %程度，気温25～27 ℃程度の環境を好むため（新穂，1984），ハーバリウム内を低温度・低湿度に保つことが有効

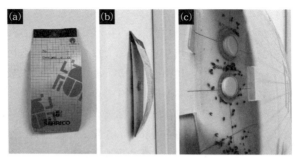

図 5.7 害虫発生状況を確認するためのモニタリング
(a)〜(b) 国立科学博物館のハーバリウムでは,シバンムシ類を対象としたモニタリング用フェロモントラップを随所に設置している.(c) 過去に一度,ハーバリウムではない場所で,シバンムシ類が大量発生しているのが確認されたことがある.

である.

これらの理由から,国立科学博物館では,ハーバリウム内を常に気温 18 ℃,湿度 50 % 以下に保ち,カビもシバンムシ類も発生させないようにしている.私は寒がりなので,ハーバリウム内での作業をしていると指先が悴んでくるくらい冷えて,ここでは生きていけないと感じる.

5.4 標本の存在意義

こうまでして,標本を保管する意味は何だろうか.まず,1 つの標本そのものに特別な価値がある場合がある.それがタイプ標本である.タイプ標本は,ある植物が新分類群(新種や新変種など)の学名として発表されるときに,その学名の証拠となるただ一つの標本として指定される,分類学的に大変貴重なものである.実は,私たちの身のまわりに存在するすべての学名にタイプ標本が存在し,それらは世界中のどこかの標本庫で保管されているのである.

また，植物の形態的な特徴や変異を調べる際にも，標本は重要な役割を果たす．図 3.9 の例のように，植物は同種内であっても，地域や生育環境によって少しずつ形態が異なる．その植物種がどのくらいの変異の幅をもつのかを調べるためには，より多くの地域・環境で採集された標本を参照することが重要であると考えられる．

ただし，すべての標本の価値が発揮されるのは，付随する情報があってこそである．5.3 節で述べたように，標本には必ずラベルがついており，そこには採集地が記されている．この情報により，その植物種がどの地域に分布するのか，あるいは，分布していたのかを明らかにできる．例えば，すでに絶滅してしまったタカノホシクサ（ホシクサ科）やカラクサキンポウゲ（キンポウゲ科）は，今や野外で見ることは叶わないが，国立科学博物館では標本として姿を残している．

同様に，ラベルに記された採集年月日も価値ある情報である．例えば，花がついている標本とそのラベルからは，その植物種がその年月日に開花していたという記録になる．これを活用すると，自分が訪れたことのない場所，あるいは自分が生まれていなかったほど過去における開花フェノロジーの情報を得ることができる．実際に，標本に基づいて過去から現在までの開花フェノロジーを推定した研究は数多くある（Jones & Daehler, 2018）．それらの先行研究は，同じ期間の気温変化と関連づけて統計解析を行い，温暖化の気温上昇によって開花期が早まっていると結論づけ，温暖化の影響に警鐘を鳴らしているものが多い（**図 5.8**）．

また，ラベルに記された採集地と採集年月日の両方を用いると，その地域の移り変わりを知ることもできる．例えば，1990 年代以前に東京都内で採集された標本群は，今や高層ビルが建ち並ぶ市街地が近年まで雑木林であったことを示している．

図 5.8 標本から読み取れる過去の開花日
上野動物園に植栽されていたソメイヨシノが,明治 41 年(1908 年)4 月 14 日に満開であったことがわかる.一方,近年は 3 月下旬から 4 月初旬頃に満開となることが多く,気象庁(https://www.data.jma.go.jp/sakura/data/index.html)によると,2023 年は 3 月 14 日,2024 年は 3 月 29 日が東京における満開日であった.このことから,牧野富太郎が本種を採集した頃に比べると,ソメイヨシノの開花日は早くなっていることが推察できる. → 口絵 9

　これらのように,標本は予期せぬ研究利用に耐える学術資料であるため,様々な情報を含んだ宝の山なのである.例えば,100 年前の先人は,温暖化の影響を示すために,標本を採集し保管してきたわけではない.それを私たちが現代の視点で有効利用しているだけである.未来にわたって価値ある利用法が無限にあるからこそ,標本は宝の山なのである.だから,これまで先人たちが標本を集積してきたように,私たちも集積していかなくてはいけない.特に,森林伐採が刻一刻と進む地域における多様性や,これ以上温暖化が進む前の状態を示す証拠は,今しか集められないのである.

ちなみに，2023年に支援を募った国立科学博物館のクラウドファンディングでは，標本を「地球の宝」と称した．クラウドファンディングのPR動画では，標本について，篠田謙一館長が「過去から未来への贈り物」，真鍋真副館長が「時空を旅させてくれるもの」と表現されていた．私は，本当にこの表現のとおりだと思っている．この本を読んでくれた方に，この気持ちが少しでも伝われば幸いである．

5.5 標本の整理

　ハーバリウムに収められている標本の同定は正しいとは限らない．こう言うと，多くの方は驚かれるのだが，実は，配架される時点で種名がわからず，属までの同定に留まっている標本は多い．また，属すらもわからず，科までの同定に留まる標本もある．特に，私がよく訪れている東南アジア地域では，すぐに種まで同定できる個体の方が稀である．なぜなら，そもそもその分類群の分類学的な整理が進んでおらず，種同定が進まないこともあれば，花と実の両方が採集できないと種同定できない分類群もあるためだ．極端なことを言えば，種名が記載されていなくとも，採集地と採集日さえラベルに記載されていれば，学術的価値がある．

　ハーバリウムには，これらの情報を確認したい分類学者や生態学者などが訪れる．彼らは，黙々とハーバリウムに籠り，実体顕微鏡やコンパクトデジタルカメラを構えながら標本を観察する．そして，同定が間違っていたり，属までの同定に留まっていた標本を種まで落とし込めたりする場合は，同定箋（annotation slip）に，その人が考える種名と日付，自身の名前を書いて標本に貼る（**図 5.9**）．ハーバリムの管理者である私たちは，その同定箋が貼られた標本を更新された種の棚に移動させる．そして，次にその種の標本

98

同定箋

図 5.9　同定箋の一例
標本に同定箋が 2 枚貼られている．1 枚目（下）は 2021 年 6 月頃に T. Sugawara 氏によって *Rubia* の一種として同定されたことを意味し，2 枚目（上）は同年 11 月頃に同氏によって *Rubia sikkimensis* Kurz に同定されたことを意味する．なお，本種はミャンマーで初めて記録された新産種であった（Nagahama *et al*., 2023）．→ 口絵 10

を見に来た専門家がその同定を確認しつつ，再び誤りがあれば同定箋をつけるということを繰り返していく．こうして，ハーバリウムの標本には，先人たちの知見が積み重ねられていくのである．標本は，分類学研究の進行過程をも反映していくのである．

　以上のことを踏まえると，より多くの人にハーバリウムを訪れ，活用してほしいのだが，同時に，標本を閲覧する人が増えるほど標本は少しずつ傷んでいく．タイプ標本を含む標本群をほぼ恒久的に保管したいハーバリウムとしては，必要最低限の利用に抑えたい．この要望に応えるように，近年では標本のデジタル画像データベースが構築されてきている．

標本データベースとは，標本のデジタル画像と共に，標本ラベルに記載されているコレクター番号（採集者が独自につけた標本番号），学名，採集地点，採集日，採集者名，カタログ番号（ハーバリウムにおける管理番号）などが登録されていることが多い．このデータベースがオンライン上で公開されていることの利点は，標本に基づいて地理的分布や開花期・結実期などを調べたい人が，実物を見る必要がないということである．また，標本画像は慣例的にスケールバーと共に撮影されるため，葉や植物体の大きさなどの簡単な計測もオンライン上でできる．当然ながら，これらを目的とする人たちが，遠方からハーバリウムへ足を運ぶ手間も省ける．こうしたデータベースにより，標本を必要以上に動かさずに保存することが実現できる．

　こうした標本データベースは，国立科学博物館をはじめとして，東京大学や鹿児島大学などでも盛んに更新されている．また，5.2節に挙げたキュー王立植物園，パリ自然史博物館，ナチュラリス生物多様性センター，ニューヨーク植物園などは，積極的に標本のデジタル化とデータベース更新を進めている．

- 国立科学博物館（**図 5.10**）
  https://db.kahaku.go.jp/webmuseum/search?cls=col_b1_01
- 東京大学
  https://umdb.um.u-tokyo.ac.jp/DShokubu/
- 鹿児島大学
  https://dbs.kaum.kagoshima-u.ac.jp/musedb/s_plant/s_plant.php
- キュー王立植物園
  https://data.kew.org/

図 5.10 国立科学博物館の維管束標本のデータベース

標本・資料統合データベースで「和名：ソメイヨシノ」と検索したところ，7 件の標本情報が出力された（2024 年 9 月時点）．検索結果 7 件のうち，NO IMAGE と表示された 4 件は，標本ラベル情報の登録のみに留まっていることがわかる．ただし，実際のところ，国立科学博物館のハーバリウムには，少なくとも 80 点のソメイヨシノ標本が収蔵されている（2024 年 9 月時点）．

- パリ自然史博物館

  https://science.mnhn.fr/institution/mnhn/collection/p/item/search/form?lang=en_US

- ナチュラリス生物多様性センター

  https://bioportal.naturalis.nl/

- ニューヨーク植物園

  https://sweetgum.nybg.org/science/vh/

ただ，こうした標本のデジタル化は，実は多大な時間とマンパワーを要する．たかが標本を撮影するだけと思うかもしれないが，事態はそれほど簡単ではない．

まず，先述のとおり，標本データベースでは標本画像だけでは

なく，標本ラベルに記載されているコレクター番号，学名，採集地点，採集日，採集者名，カタログ番号なども一緒に登録する．これらが登録されていないことには，標本を検索することができず，データベースとして機能しない．しかし，この標本ラベル情報の登録には多大な時間がかかる．なぜなら，ほとんどの場合が手作業での入力になるからである．

　現代の私たちは，標本ラベルを電子ファイルで用意して，それらを印刷することが当たり前である．しかし，プリンターが普及する前は，タイプライターや手書きで標本ラベルを作成していた．手書きの標本ラベル情報を標本データベースに登録する際には，作成者（多くの場合，標本採集者）の筆跡を読み解く必要がある．これが大変である．筆で書かれていたり，走り書きだったりして読み解きにくいことがザラにある．また，旧字体を現在使われている新字体に，和暦を西暦に，廃藩置県前の地名情報を現在の地名にというように，チマチマと修正したり，読み替えたりしなくてはいけない．

　一方で，印刷された標本ラベルやタイプライターで用意された標本ラベルは，一文字一文字がクリアで読み解きやすい．現在の情報技術を駆使すれば，標本のデジタル画像から標本ラベルの文字を認識し，データとして抽出する工程を自動化できそうである．ところが，そんなにうまくはいかない．これは，標本ラベルの様式が作成者によって様々であることが一因である．すなわち，標本ラベルに記載するべき情報については，世界共通の認識があるのだが，それらの記載順や標本ラベルそのものの形などは特に定まっていないのである．そのため，ある標本ラベルでは，採集地点・採集日・採集者名の順番で記載されているのに，他方では，採集者名・採集日・採集地点の順番で記載されていることがある．また，採集者名だけが抜けているなんてこともある．こうした不規則性のために，標本

のデジタル画像から標本ラベル情報を抽出する工程の自動化は一筋縄ではいかない．

　これらに対して，標本と共に標本情報がまとめられた電子ファイルが存在している場合は，データベース登録が非常に簡単である．実際，ハーバリウム管理に携わる私たちが自身で採集した標本をデータベースに登録する際には，標本ラベル情報をまとめた電子ファイルを用いている．

　こうした標本ラベル情報の登録作業が，標本のデジタル化に時間がかかる一因である．ただ，そもそも各ハーバリウムに収蔵されている標本数が多く，標本が刻一刻と増えていくものであることも忘れてはいけない．

　国立科学博物館のハーバリウムには，2024年9月時点で，およそ135万点の維管束植物の標本が収蔵されている．それらのうち，標本データベースで公開されているのは，およそ52万件（38.5 %）に留まっている．同様に，キュー王立植物園では，2002年から標本のデジタル化が積極的に進められている．それでも，全収蔵標本数825万点以上に対して，標本データベース上に情報がある標本は約321万点（38.9 %）に留まっている．このように標本のデジタル画像，および，情報をデータベースに登録していく作業は果てしない．

　では，どのように標本は増えていくのだろうか．国立科学博物館のハーバリウムに収蔵されている標本すべてを科博の研究員が収集したわけではない．もちろん，科博の研究員が採集した植物の標本も収められているが，全体のほんの一部である．実は，それらの多くは，海外のハーバリウムから交換標本として届いたものである．

　ハーバリウムには，より多くの種の標本が揃っていることが望ましい．しかし，当然ながら，一人一人の研究者が採集できる標本群

には，地域や分類群に偏りがあり，量的な限界もある．そこで，考えられたのが標本の物々交換である．私たちは，野外調査で植物を採集する際に，標本1枚分だけではなく，3〜5枚分の枝や株を採集する．このように余分に採集された標本は，重複標本と呼ばれ，他のハーバリウムとお互いに交換するために使われる．

例えば，国立科学博物館は，アメリカのニューヨーク植物園とミャンマー産標本の交換を頻繁に行っている．ミャンマーは植物分類学的な調査が不足しており，世界中の植物学者が気になっている地域でありながら，調査許可が得にくい国でもある．ニューヨーク植物園は，コロナ禍前まで積極的にミャンマーで野外調査を行っており，国立科学博物館の調査では訪れていない地点の標本を多数保管している．同時に，国立科学博物館には，ニューヨーク植物園が訪れていない地点の標本が多数ある．そのため，お互いに標本を交換することで，野外調査を行ったのと同等の標本を得ることができる．このように，ハーバリウムでは，他国・他館との連携も大事なのである．ただ，こうした連携は，同一個体から重複標本が作れる植物に限った話で，動物のように1個体で1つの標本となる場合は難しい．

もう一つ，ハーバリウムが標本点数を増やすきっかけとして，個人や他機関からの寄贈がある．世の中には，学術的な研究目的や純粋な趣味として，植物標本を作製・収集している個人は結構多い．そうした人たちから，せっかくならより多くの人たちの学術的研究の役に立ててもらえればと寄贈されることもある．また，ハーバリウムを閉じることになった研究機関に収蔵されていた標本が寄贈されることもある．

このようにして，標本点数が増えることは，ハーバリウムとしては大変喜ばしい．ただ，交換標本や寄贈標本を，そのまま新しい

ハーバリウムにすぐに配架できるかどうかは別問題である．例えば，交換標本は，通常，標本台紙に貼付されていない状態，すなわち，標本を乾燥させたときに使っていた新聞紙にラベルと共に挟まれた状態で届くことが多い．これは，発送元のハーバリウムで貼付作業する手間を省くという利点があるとともに，個々のハーバリウムによって使用している標本台紙の紙質や大きさ，採用されている標本の貼付方法などが異なるため，受取先のハーバリウムが各々貼付作業をした方が効率が良いという理由もある．ゆえに，寄贈標本を受け取った後は，ほぼ必ず標本の貼付作業があるのである．一方で，個人や他機関から寄贈された標本は，標本台紙に貼付済みであることも多いのだが，その台紙のサイズが大幅に異なっていて貼り直しが必要だったり，古い標本の場合は標本台紙から剥がれかけていて修復が必要だったりする．

　国外の大規模なハーバリウムでは，こうした標本の貼付・修復作業，および，その後の配架作業は，標本を貼付（マウント）するマウンターと標本をファイリングして配架するファイラーなどの専任のスタッフが行う．ただ，国立科学博物館をはじめとする国内のハーバリウムでは，それほど人員に余裕はなく，マウンターとファイラーを兼任したスタッフ1～数名に両方の作業を依頼することになる．

　これらの理由から，標本を受け入れてもすぐには配架できず，ハーバリウムの奥の方に段ボールに入れたまましばらく保管せざるをえないことが多々あるのが現状である．とはいえ，標本の価値を考えれば，よっぽどの不備や問題がある場合を除いて，国立科学博物館には交換標本・寄贈標本を受け入れないという選択肢はないのである．

Box 4　植物が気候に影響を与える？

　5.1 節に書いたように，気候の変化が植物に影響することは，現在よく知られている．一方で，実は最近，植物は気候から一方的に影響を受けるだけではないことが明らかになってきた．すなわち，植物から気候へと影響を与えることもあるということである．

　これは，植物から放出される揮発性有機化合物 (biogenic volatile organic compounds; BVOCs) が一因と考えられている．BVOCs のわかりやすい例としては，植物の葉や花から放出される，いわゆる「香り成分」が挙げられる．そこらで心地良い香りを発している数輪の花が気候に影響するとは，にわかには信じられないかもしれない．しかし，近年の研究により，森林レベルまで植物が集合すると，莫大な量の BVOCs が放出され，それらが雨量を左右したり，対流圏のオゾン生成にも寄与したりすることが明らかにされた．そして，BVOCs の放出量は，時間帯や季節によって変化することも明らかにされた．すなわち，BVOCs の放出は開花や結実と同じように，植物のフェノロジー形質の一つなのである．

　これらのことから，植物と気候の間には，お互いに影響し合うフィードバック効果があると考えられる．しかし，今の私たちにとって，植物と気候のフィードバックなんてものは，あまりに規模が大きく，すぐに解明できる現象ではない．

　そこで，九州大学の佐竹暁子さんを筆頭に，2023 年から数理生物学・植物分子生物学・生態学・大気化学・気候シミュレーションなど，多様な分野を融合して「植物気候フィードバック」の解明に挑むプロジェクトが始動した．私も共同研究者として関わらせていただいている．このプロジェクトの大目標は，植物の季節活動と気候との動的なフィードバックを遺伝子レベルから解明することである．この目標達成のために，特に植物がフェノロジーを制御するメカニズムと，植物と大気の状態との動的な関係性の 2 つに注目している．

　前者では，BVOCs 放出や開花・展葉などの植物フェノロジーを支配

する分子メカニズムを研究する．これにより，植物の季節的な変化に伴う植物の生体内での変化や生態系における役割の理解を深め，気候変動に対する植物個体の応答を予測するモデル開発を行いたいと考えている．後者では，植物個体レベルの応答を集団・広域レベルへとスケールアップするために，従来の観測技術を駆使して大規模にデータを取得するだけでなく，新規の観測技術の導入や開発にも挑戦して，新しい気候予測モデルを開発したいと考えている．このプロジェクトでは，これらに基づいて，異なるスケールを対象とする研究をうまく統合し，遺伝子・個体・集団・広域レベルの観測データと予測結果を結びつけることを目指している．

「植物気候フィードバック」は研究分野として全く新しく，課題も山積みであるが，だからこそ，これからが非常に楽しみなプロジェクトとなるだろう．

⑥

伝え広めるために

6.1 研究者のアウトリーチ活動

　第5章まで，私のこれまでの研究活動を紹介してきたが，この章では，それらの研究成果や専門的な知識を研究者ではない人々に発信するアウトリーチ活動について触れたい．

　アウトリーチ活動のアウトリーチ (outreach) は，本来，「外に手を伸ばす」ことを意味する単語である．ここから派生して，現在は「専門家や専門機関が市民に提供する専門的知識を活かした活動やサービス」を意味する用語として使われる．すなわち，研究者が自身の研究，もしくは，それらの専門的知識に基づいて，研究者以外の人たちと関わる活動全般がアウトリーチ活動である．

　科学分野におけるアウトリーチ活動の目的は，科学に対する人々の認識や理解を促進すること，および，科学教育へ貢献することである．私たちは義務教育を経て，科学に関する基本的な知識を身につけているわけだが，もちろん，そこでは科学のすべてが網羅されているわけではない．例えば，理科の授業で植物が気温の変化に応

答して花を咲かせることは習っても,その開花現象を含む季節的なイベントをフェノロジーと呼ぶことや,その背景にある他の植物種や動物種間の関わりは習わない(かもしれない).アウトリーチ活動を通して,私たち研究者は,そうした一般には授業範囲の外にある科学的な内容を普及し,参加者は新しい知識を得て,新しい経験をする.これにより,参加者の身近な現象に対する捉え方が少しでも変化したり,理解の解像度が上がったりしてくれたならば,私たちのアウトリーチ活動は大成功である.

これらのことを踏まえると,国立科学博物館をはじめとする博物館の展示は,アウトリーチ活動の集大成とも言えるだろう.私たちの身近な生活が,どのような科学的・文化的な歴史を辿って構築されてきたのか.また,今の私たちが置かれている環境は,どのように科学的・文化的な解釈ができるものなのか.そうしたことを先人や現代の研究者たちの成果に基づいて,一つにまとめあげたものが博物館の展示[1]なのである.国立科学博物館の上野本館の常設展示には,当館の5つの研究部,動物研究部・植物研究部・地学研究部・人類研究部・理工学研究部すべての研究者が関わっている.

もちろん,博物館の展示以外にも,様々なアウトリーチ活動の形がある.後述するサイエンスカフェや一般向けの講演会などに加え,マスメディアなどに正確な専門知識を提供すること(Box 6 参照)もアウトリーチ活動の一つである.

---

[1] 博物館法(1951年12月1日に公布され,随時改正されてきた法律)の第1.2条によると,「「博物館」とは,歴史,芸術,民俗,産業,自然科学等に関する資料を収集し,保管し,展示して教育的配慮の下に一般公衆の利用に供し,その教養,調査研究,レクリエーション等に資するために必要な事業を行い,併せてこれらの資料に関する調査研究をすることを目的とする機関」と定義されている.すなわち,①資料の収集・保管・活用,②展示・学習支援,③調査・研究という3つが,博物館が果たすべき役割であり,存在意義ということである.

6.2 オンラインでの発信

「フェノロジーって何？」

本書の初めにも書いたとおり，多くの人にとって「フェノロジー」は全く実態のわからない言葉である．2022年2月11日，私が初めてフェノロジーについて語ったサイエンスカフェの参加者もそうであった．

そういえば当時は，コロナ禍が始まって2年ほど経過しており，様々な講演会や会議がオンライン会議システムZoomを用いて行われることが常になっていた．私が講師を務めた福岡市科学館のサイエンスカフェ「植物はいつ花咲くのか？」も例に漏れず，Zoom上で行った．

一般的に，サイエンスカフェは，カフェ（喫茶室）のような雰囲気の中で科学について語り合う場を意味する（本当にカフェで行うこともある）．研究者が自身の研究について一通り話した後，質疑応答の時間があるような講演会とは異なり，サイエンスカフェではメインの話し手となる講師を囲みながら，聴衆と双方向のコミュニケーションをとることが多い．すなわち，聴衆は講師にその都度わからないことを聞きながら理解を深められ，講師は聴衆の理解度を把握しながら，より正確で詳しい話を提供できる．そのため，カフェのようにリラックスした雰囲気の場で行うのが適している．

しかし，Zoomで行うサイエンスカフェで，参加者が積極的にコミュニケーションできるような場を作れるのか．ご存知の方も多いと思うが，Zoomは自分が発言するときに，わざわざマイクをONにするという作業が必要である．これは些細なことだが，参加者に「自分はここで発言して良いのだろうか」と迷わせ，瞬間的な反応を妨げ，自分から発言することのハードルを高くする．私は，こ

のハードルをどうにか下げたかった．特に，このときのサイエンスカフェの主な参加者は小学生とその保護者で，1時間半も時間がある．私が一方的にフェノロジー研究の話をするだけでは，通じるものも通じないだろう．

そこで，私が考えた解決策は，
(1) 一番初めに参加者全員が発言する機会を作る
(2) リアルタイムで書き込みをしていく
(3) 細切れに研究の話をする
の3つであった．(1)は，参加者に積極的に何かを言ってよい場なんだと認識してもらうためである．具体的には，福岡市科学館のスタッフから，私に話が振られてすぐに，

「今日はお花のお話をします！　みんな，どんなお花が好きですか？」

と，参加者に話を振った．このサイエンスカフェのテーマが花であったことから，参加者が何かしらの花に興味があったことは推察できたので，必ず答えられるような質問だったと思う．

そして，出てきた回答をZoomで共有している画面に書き込んでいった（**図6.1**）．これが(2)である．この方法の何が良いかというと，私のへったくそな字が参加者の画面に映ることである．これだけで雰囲気が和らぐし，書き損じをしようもんなら笑いが起きる．

「そうそう，私が欲しかったのはこういう雰囲気よ．しめしめ….」

こうした空気を何度か作るためには，(3)も大事だったと思う．Zoomでは，人の話を遮る心理的なハードルが高いので，私の方から積極的に話を切り，参加者に質問してもらえるようにした．

これらの工夫の甲斐があって，サイエンスカフェ終了後の参加者アンケートの評価は高く，「質問に答えてもらえて嬉しかった」と

図 6.1 サイエンスカフェで参加者の回答を記入したスライド

いうコメントをもらえた．肝心のサイエンスカフェの研究内容についても，参加者アンケートを通じてフェノロジーに関する質問が多数届いたことから，より深く伝えることができたと思う．また，「これから花を見る視点が変わりそう」という嬉しいコメントももらい，伝える工夫の大切さを学んだ機会だった．そして，自分のもつ知識を普及することで，楽しんでもらえる・喜んでもらえる面白がってもらえるということを学んだ貴重な機会だった．

6.3 子どもに伝える

福岡市科学館のイベントで，もう一つ印象に残っているものがあるので紹介したい．

矢原さんは，福岡市科学館の館長に就任したのをきっかけに，子どもたちに科学的な思考を体験・修得してもらうために「ジュニア科学者養成講座」なるものを開催した．これらはいずれも小学生を対象としており，身のまわりにある些細なことから疑問を見つけ

てきて，参加者同士でその疑問について考え，伝え，表現し，創造するという活動である．これらのコースで，きっかけとなる疑問は，「溶けるって何だろう？」「デジタルって何だろう？」というようにとても単純であった．ただ，解説をする講師は，みんな大学教員（専門家）であるがために，返ってくる回答が正確で難しい．もちろん，みんなこうした小学生向けのイベントに協力的で，経験豊富なだけあって，とても工夫して噛み砕いた回答を用意する．しかし，それでも小学生に理解してもらうのはとても難しい．そこで，私を含む大学生・大学院生の出番である．私たちは，メンターとして小学生たちにつきっきりで講座に参加し，小学生側の立場となって，講師の説明をさらに噛み砕いたり，わからないところ掘り出して講師に聞いてみたりという講師と小学生をつなぐ役割を務めた．

参加している子どもたちは，参加以前から，自分でできる限りのことを調べた経験があり，私たちも顔負けの知識や発想力をもっている子どもたちばかりだった．ただ，多くの子どもたちが初回の時点では，自分の意見を積極的には言わない．私たちメンターが1対1で「よく知ってるね！」と相槌を打って，話を聞き進めていくと，驚くほど深い知識やメンターには思いつかないようなアイデアが出てくるのである．こうした子どもたちに，自分の考察やアイデアを自然とみんなの前で発言できるように，自分の考えに自信をもってもらうのがこのコースの課題の一つだった．

思い返してみれば私は小学生の頃，同級生や先生に自分の知識に基づいて何かを言ったときに，とても嫌な顔をされたことがあった．それ以来，自信をなくし，自分から自分の考えやアイデアを他者と共有することに臆病になったと思う．当時の私の言い方が良くなかった可能性は十分あるのだが，それでも悪気はなく，ただ自分の知っていることを伝えて，それが相手にとって役立つものになれ

ばと思っただけだった．この経験から私は，子どもは子どもなりにちゃんと考えて発言しているのだから，どれだけ突飛な発言であっても，それを真っ向から否定されたり，軽んじられたりすることで深く傷つくものだと考えている．

福岡市科学館のこの講座に参加した子どもたちの中には，元々とても大人しくあまり自分のことを話さなかったのに，全12回の講座を経て，見違えるほど積極的に発言できるようになった子どもたちがいた．その子どもたちの講座の外での生活は全く知らない．しかし，この講座における私たちメンターや講師との関わりが，少しでも子どもたちの自信につながり，科学への興味をもち続けるきっかけになっていれば嬉しい．

6.4 伝える発信

私は現在，国立科学博物館で自分の研究について定期的に発信する機会があり，こうした福岡市科学館での経験を活かしている．

国立科学博物館では，研究部の存在，および，活動内容を知ってもらうためのイベントとして，ディスカバリートークなるものを行っている．これは，上野本館で土日祝に定期的に行っているイベントで，研究者が交代で展示物や自身の研究内容について話すものである．事前予約が不要であるため（2024年9月時点），上野本館に来館していた人が通りすがりに聞くこともできる．研究者がだいたい20〜30分程度話した後，聴衆からの質問に答える時間がある．

聞きに来てくれる人は，子連れ家族，カップル，夫婦，友人同士，一人など非常に多様である．また，通りすがりに会場を訪れる人もいれば，常連のように毎回参加する人もいる．こうした多様な層に伝わるように，かつ，楽しんでもらえるように話すのはなかなか難しい．

例えば,「開花フェノロジーは,その個体の繁殖成功に影響する」ということは,私たち同業者間では常識である.「それで?」と,早く次の話に発展してくれないと面白みがないと感じるレベルである.しかし,ディスカバリートークを聞きに来てくれた子どもや大人たちにとって,「開花フェノロジー」や「繁殖成功」という言葉はひょっとすると初めて出会うものかもしれない.「開花フェノロジー」が植物の開花の始まりや期間などを指すこと,「繁殖成功」の具体例として種子数や種子の乾燥重量がよく用いられることなど想像のしようがない.これらが伝わらないことには,私の研究の話が続かないので,なるべくわかりやすく,かつ,正確に伝えようと努力する.しかし,そうした前提の話をあまりに長くすると冗長でつまらないし,本命の研究について話す時間が減ってしまう.一方で,参加者の中には,植物にとても詳しい人もいて,「開花フェノロジーは,その個体の繁殖成功に影響する」と聞いて,すぐに理解して,具体的な種名を挙げて説明できる人もいる.そういう人たちには,より詳しい解説や最新の研究成果の紹介がないと楽しんでもらえないだろう.

　こうした塩梅を考えながら,前提から自分の研究や最新の成果までをテンポ良くつなげていき,時間内に話し終えるというのは高度な技術である.現在の私は,これができるように努力しているが,ディスカバリートークを担当するたびに反省点が出てきて,これからも精進しようと思うばかりである.

　このようなディスカバリートークが上野本館で行われている一方で,筑波研究施設の方では,年に1回,科博オープンラボなるイベントを開催している.これは,動物研究部・植物研究部・地学研究部・人類研究部・理工学研究部のすべてが,普段は一般公開していない研究スペースや標本室を公開し,研究員が一部解説するイベン

トである．先述のディスカバリートークと大きく異なるのは，研究員の研究内容ではなく，標本類そのものと，それらが収められている標本室がメインで紹介される点である．また，複数の研究部の標本室を一気に見て回れるという違いもある．

科博オープンラボでは，参加者は，例年だと10〜15分程度ごとに各研究部の標本室を見て回ることになる．私たちは，その10〜15分程度の間に，標本や標本室の意義や，その維持運営の苦労について紹介する．ただ，初めから分野を絞って話すディスカバリートークとは異なり，科博オープンラボでは植物に必ずしも興味がない参加者もいる．そのような層にも，できる限り楽しんでもらいたい．そのためには，身近な物品の素材になっている植物種の標本であったり，国立科学博物館で最も古い標本の紹介であったりなど，キャッチー，かつ，標本の意義を十分に伝えられる内容を考える必要がある．2年前に国立科学博物館に着任したばかりの私には難しいところもあるが，他の研究員の方々に解説例を教えてもらいながら，より興味をもってもらえる内容や伝え方を学んでいる．

6.5 広める発信

先述のディスカバリートークや科博オープンラボは，すでに国立科学博物館の存在を知っており，ある程度以上の興味をもって来館されている人が主な対象である．一方で，国立科学博物館をほとんど知らない層にも知ってもらうように情報を発信することも大切である．最もわかりやすい例は，メディアによる発信である．例えば，テレビやネットのニュースで「国立科学博物館」の文字が出れば，それだけでネット検索の件数が増え，国立科学博物館について知ってもらえる機会が増えることになる．

また，私たち研究員は，テレビ局や新聞社から，季節的な自然現

象や植物に関する問い合わせがあった際に，専門知識に基づいた回答を用意することもある．もちろん，専門外の内容であったり，あまり断定的に言えないような内容であったりすれば断らざるをえないのだが，私たちは可能な限り，その要望に応えるつもりでいる．これは，メディアを通じて，より科学的に正確な情報を発信できる機会だからである．また，メディアによっては，「国立科学博物館の○○研究員によると」と科博の名前を出し，宣伝してくれる場合もある．

そういえば，2022年には，小学生向けに時事ニュースや科学的な内容をまとめて発刊している朝日小学生新聞に，植物研究部で全9回の連載「へえ〜 おどろき！植物の世界」を担当した．内容としては，

① 植物の誕生と進化（辻 彰洋）
② 胞子でふえる植物たち（井上 侑哉・海老原 淳）
③ タネのひみつ（國府方 吾郎）
④ 日本の四季を感じる（永濱 藍）
⑤ 変わった場所で生きる仲間1（田中 法生）
⑥ 変わった場所で生きる仲間2（堤 千絵）
⑦ 野生種・外来種・栽培品種って？（海老原 淳）
⑧ 植物と菌類の共生（遊川 知久）
⑨ 昆虫を利用する花（奥山 雄大）

といったもので，私は④を担当した．具体的には，気温や日長の季節的な変化に対して，植物がどのように応答して新芽を出し，花を咲かせるのかをテーマとして記事を執筆した．このときの朝日小学生新聞編集部の担当者とのやりとりでは，インパクトがありつつわかりやすい文言の選び方や，平易な言葉で簡潔に正確に内容をまとめる方法をかなり勉強させてもらった．

この連載はとても評判が良かったようである．後日，以前私が福岡市科学館のイベントで関わっていた参加者からも「読みました！」と連絡をもらい，とても嬉しかった．

> **Box 5　リーディングプログラムにおける得難い経験**
>
> 　大学院に進学したばかりの私は，本当に「研究」が大好きで，「研究」だけをしていたくて，それに基づいたアウトリーチ活動に，実は関心があまりなかった．この状態から，アウトリーチ活動が仕事の多くを占める現職に至ったのは，大学院5年間で関わったリーディングプログラム（正式名称：博士課程教育リーディングプログラム）での活動のおかげだと思う．
>
> 　リーディングプログラムとは何ぞやと思うかもしれない．文部科学省 (https://www.mext.go.jp/a_menu/koutou/kaikaku/hakushikatei/1306945.htm) によれば，リーディングプログラムとは，「優秀な学生を俯瞰力と独創力を備え広く産学官にわたりグローバルに活躍するリーダーへと導くため，国内外の第一級の教員・学生を結集し，産・学・官の参画を得つつ，専門分野の枠を超えて博士課程前期・後期一貫した世界に通用する質の保証された学位プログラムを構築・展開する大学院教育の抜本的改革を支援し，最高学府に相応しい大学院の形成を推進する事業」である．平たく言えば，大学院における主専攻以外の分野や現場も見て，視野を広げることを支援してくれるプログラムである．実際にどのような活動を大学院生に課すかは，大学に任されているため，各大学で様々である．
>
> 　私が参加していた九州大学のリーディングプログラム「持続可能な社会を拓く決断科学大学院プログラム」（通称：決断科学プログラム）では，大学院生は環境・災害・健康・統治・人間という5つのグループのいずれかに所属する．そして，それぞれの専任教員が主導する国内外の共同研究プロジェクトに関わったり，実際に自分も共同研究に取り組んだりするものであった．プログラム修了には，専門性・学際

性・統域性・国際力・プレゼンテーション力・研究提案力・指導力に関連する 70 単位，および，選択科目 10 単位を合わせて，合計 80 単位が要件として記されていた．これは私が主専攻で所属していた九州大学の大学院修了要件が 42 単位であったことと比較すると，とても多かった．ただ，それらの授業の多くが座学ではなく，様々な現場を視察したり，イベントに参加したりすることで単位認定された．

　当時，私が決断科学プログラムに参加した理由は，矢原さんがプログラムコーディネーターであったことが大きい．正直に言えば，決断科学プログラムに参加した当時の私は，プログラムが意図するところを直感的には理解しておらず，主専攻以外の知見を増やせるのなら面白そうだという軽い興味があった程度だった．しかし，今思い返せば，このプログラムのおかげで知ったこと・学んだことは非常に多く，関わることができて本当に良かったと思う．

　具体的に，決断科学プログラムで私が行った／関わった活動は，過疎化地域における農業インターン，福岡の重要無形文化財である久留米絣の振興活動，東日本大震災後の復興状況の視察，大人・子ども向け自然観察会の企画・開催などである．これらの活動の大半が私の主専攻における研究内容と直接的な関連がなかった．そのため，傍から見れば，大学院生が最も専念するべき博士研究を疎かにしている印象があったと思う．スイートピー農園で土を耕して腰を痛めたり，久留米絣の工房見学に出かけたり，東日本大震災後の防潮堤建設に関わる議事録を読み漁ったり，子どもたちと昆虫を捕まえたり．

　しかし，これらの活動を通して私は，大学の外で研究活動と全く関わりのない人たちが，大学や研究者をどのように捉えているのか，また，何を期待しているのかなどを知った．そして，大学や研究者がもっている専門的な知識には活かし方があること，同時に，専門的な知識を活かすには責任が伴うことを学んだのである．これらは，決断科学プログラムへの参加なしには得られなかった知見・経験であった．

Box 6　植物学者が朝ドラに！

　国立科学博物館に着任して半年ほど経った頃，同じ植物研究部の田中伸幸グループ長から，次期（2023年4〜9月）のNHK連続テレビ小説「らんまん」の植物考証に関わらないかとお誘いをもらった．「らんまん」は，「日本の植物学の父」と呼ばれる牧野富太郎をモデルとしたストーリーであるため，たくさんの植物が登場する．その登場する植物について，植物学的な間違いがないかどうかを確認していく必要があるとのことだ．実のところ，どのような場面で「植物学的な間違いがないかどうか」を確認する作業があるのか，この時点では想像できていなかったのだが，連続テレビ小説のような映像が創られる舞台裏にはとても興味があったので，二つ返事で引き受けた．最終的にこの植物考証には，田中さんをリーダーとして，私の他5人の研究者が関わることになった．

　気になる植物考証の作業は，脚本の確認・小道具（レプリカや書籍など）の用意・撮影現場の設え・HPコンテンツの充実など多岐にわたった．これらを植物考証の7人で分担したため，私が深く関わったのは，脚本の確認と撮影現場の設えの2つである．

　脚本についての植物考証会議は，脚本として製本される前の1週間分の原稿ファイルが届くたびに開かれた．オンライン上で，NHKのスタッフと植物考証メンバーが可能な限り参加して，各々が脚本原稿上の気になる箇所について議論していくというものである．具体的には，脚本上のその時期に，その植物種がその地域・環境に生えているのか，花や果実が登場するのなら，その時期に咲いているのか，もしくは結実しているのかという季節的に違和感がないかどうかの確認をした．これらについて違和感があれば，修正案も考えなくてはいけない．また，登場人物である植物学を志す学生や教員らの言動として，不自然な表現がないかどうかも確認した．

　一方で，撮影現場における私たちの主な役割は，植物の設定と演者らの動作の科学的正確さの確認である．前者の確認作業では，背景や

メインで登場する植物たちが自然な形で設定されているかどうかを確認した．具体的には，時代設定当時は分布していなさそうな外来種が映っていないかを確認したり，その時期設定の季節には咲いていないはずの植物が花をつけていないかを確認したり，乾燥している土地に生えやすい植物と湿っぽい土地に生えやすい植物が隣り合わせに置かれていないかを確認したりなどがあった．アップで映る植物のレプリカが本物らしく見えるように，花・葉・茎の角度の微調整も行った．後者の確認作業では演者らが標本や道具類を扱う動作や植物を見るときの動作に違和感がないかどうかを確認した．具体的には，標本を大切に思っている人であれば，標本を水平に保ちながら持つこと，植物種に詳しい人であれば，植物を見る際は綺麗な花を眺めるだけでなく，葉や茎など全体を見たり，花や葉をひっくり返したりするなどの科学的所作を演者に伝えることが必要だった．

　このように植物学者7名が植物考証を務めた「らんまん」は，非常に多くの同業者，他の研究者から好意的な反応をもらうことができた．また，脚本家の長田育恵さんの技量もあり，植物分類学が大きな主題でありつつも，感動的なヒューマンドラマとして仕上がったおかげで，非常に多くの人々に植物分類学という学問や植物採集という作業の意義が伝えられた．実際，「らんまん」の放映後，知り合いの研究者は，道端で植物を採集していると，「あ！　らんまんのやつですね！」や「本当にそういう道具を使うんですね！」と好意的な声掛けをもらうようになったそうだ．以前は植物採集をしていると訝しげな目で見られることがしばしばあったことを考えると，大きな変化である．このような社会的変化をもたらした「らんまん」には脱帽するとともに，その制作過程に関わらせてもらえたことに感謝したい．

研究者って何者？

7.1 なぜ研究するのか

「こりゃ，やめらんない．」

この一言が，2016年に卒業論文，2018年に修士論文を提出した直後の感想だった．卒業論文も修士論文も，書き上げるのは大変だったが，同時に楽しくて仕方なかったのである．この感覚が忘れられず，私は博士課程に進学することを決めた．

とはいえ，それまで迷いなく一途に博士課程への進学を目指してきたわけではなかった．学士号，修士号の区切りで，大学を去ることを考えた回数は数知れない．この迷いは，「博士号を取得することがどういうことなのか」という問いに対する自分なりの答えがなかったからだと思う．当時の私は，研究活動が好きという理由だけで，進学し続けてよいのだろうかと迷っていたのである．

博士号を取得することはどういうことなのか．大学入学時から修士課程修了までの6年間の大学生活の中で，この疑問について深く考えさせられた機会が3回ほどあった．

1回目は,「創作童話 博士が100人いる村」という動画を見たときである.この動画は,博士課程に進学したすべての人が満足のいく進路を得られるわけではないことを示していた.これを見たのは学部1,2年生の頃で,少なからず衝撃を受け,博士号の取得がゴールではないことを学んだ.ここから私は,悩むことがあっても,悩み抜きながら自分に正直に生きることで後悔しない進路選択をしようと考えた.

2回目は,大学院の先輩から「修士号はそのときその分野で日本一,博士号はそのときその分野で世界一」であることが求められると初めて聞いたときだった.当時,学部4年だった私は,卒業研究を始めたばかりで,修士課程修了時にその分野で「日本一」になれる気が全くしなかった.しかし,その後修士論文を書き上げ,漠然と,その狭い分野で「日本一」くらいにはなったのではないかと感じられた(思い上がりだった).修士論文を書きながら一日中参考になりそうな論文を片っ端から読み,自分の研究について考えた経験は確実に身になっている.きっと,これからも頑張れば,「博士号はそのときその分野で世界一」という言葉を実感できるかもしれないと感じたのである.

3回目は,「博士号とは何か」を図で説明したウェブサイト(The illustrated guide to a Ph.D.)[1]を見たときだった.このサイトは,全人類の知識量に対して,修士号や博士号を取得したときに得られる知識量のあり方を解説している.その中で,博士号と大それたことを言ってみても,博士課程で得る知識は,全人類がもっている知識量に比べれば,ほんのわずかであることが示されている.私はこの説明を見て,博士号はある一点を極めたことに対する称号であ

---

[1] https://matt.might.net/articles/phd-school-in-pictures/

り，すべての分野のすべてのことを把握する必要などないことを理解した．また，ある分野における一点を極めることが人類にとっての価値につながることも知った．もちろん，この一点を極める作業が大変なのだが，気負いすぎる必要はないのである．このサイトから，興味をもっている分野を突き詰める意義を教えられたと思う．

これら3回の機会を通して，私は，「博士号の取得」とは，常に努力をし続けることで，ある分野の一点を極めたことに対する称号を得ることであり，決してゴールではないことを学んだ．そして，博士号の取得後，希望通りの生活していくことは，誰にでもできることではないことを強く感じた．私自身も博士号を取得できるか，できたとして希望通りの生活が送れるかはわからなかった．しかし，私は研究活動が好きであった．

「私が好きな研究活動を続けることで，人類の知識がわずかにでも増え，何かしらの役に立てることがあるならば，それは私にしかできない仕事になるだろう．」そう考えて，2018年の春，私は博士課程へ進学した．

こうした決意[2]の結果，紆余曲折を経て，運良く今の私は国立科学博物館の植物研究部で研究ができている．当時は，こんな将来を微塵も想像できていなかった．研究活動には，うまくいかない場面も多くある（7.3節参照）．それでも，やはり植物のフェノロジーを研究することの楽しさが私を突き動かすのである．

7.2 研究者をめざしたいあなたへ

「どうしたら研究者になれますか？」

これまで度々尋ねられてきた質問である．ここまで読み進めてき

---

[2] この決意の内容は，私が2018年3月6日に，個人ブログで書いたものである．

てくれた方の中にも，こうした疑問を抱えている方がいるかもしれない．そんな方向けに，ここでは職業としての「研究者」になる方法をいくつか紹介したい．ただし，厳密に言えば，「研究者」は医師のように国家資格があるわけではないため，志さえあれば，誰でもいつでも職業としなければ「研究者」になれる．とはいえ，上記の疑問を抱いている方は，職業としての「研究者」になる方法が気になっていると思うので，順を追って話してみたい．

まずは，いわゆるアカデミア（大学や公的研究機関など）の「研究者」になる方法を考えてみよう．先ほど「研究者」になるための国家資格はないと書いたが，アカデミアの「研究者」になるためには博士号の取得がほぼ必須である．大学や公的研究機関などが研究職の公募を出すときの応募資格として，「博士の学位（博士号）を有する，もしくは着任までに学位取得が見込まれる方」と書いてあることがほとんどである．すなわち，博士号がなければ応募すらできない．

では，博士号はどのように取得できるのか．これには，課程博士と論文博士という大きく2つの方法がある．課程博士は最も一般的な方法で，大学の学部を卒業後，大学院の修士課程に進学，同課程を修了して修士号を取得する．さらに博士課程に進学，同課程を修了して博士号を取得するというものである．私の場合は，九州大学の学部を卒業後，そのまま九州大学の大学院で修士課程・博士課程を修了して，修士号・博士号を取得した．一方で，論文博士は大学院の博士課程に在籍せずに学術論文を出版し，博士号取得に相当する実力を示して取得する方法である．課程博士と論文博士はいずれも博士号としての価値は全く変わらない．ただ，一般的に，論文博士は働きながら取得を目指す場合が多く，課程博士よりも取得に時間がかかることが多い．

さて，ここで知っておいてほしいのは，こうして博士号を取得しても，自動的にアカデミアの研究職を得られるわけではないということである．あくまで博士号はアカデミアの研究職に就くために必要となる「研究能力の証明」をするだけで，博士号取得者をアカデミアの「研究者」にはしてくれない．

　私は，博士号取得からアカデミアの「研究者」となるために必要なのは，運と実力であると考えている．

　なぜ，運が必要なのか．

　アカデミアにおける永年雇用の研究職は，数が限られているからである．全国の大学や公的研究機関の「研究者」を数えてみれば，膨大な数になるので，そんなに限定的な職ではないと思うかもしれない．しかし，大学や公的研究機関が新規の「研究者」を募るとき，「研究者」であれば誰でもよいわけではない．多くの場合，その大学や公的研究機関に現在在籍している「研究者」が近々退職するため，その欠員を埋めてくれるような人を新規に雇用したいという思惑がある．そのため，大学や公的研究機関が出す公募は，非常に限定的な分野の「研究者」しか応募できないことが多い．例えば，九州大学理学部生物学科には現在，生態科学・環境微生物生態学・数理生物学・進化遺伝学・行動神経科学・海洋生物学・分子遺伝学・動物発生学・植物分子生理学・脂質細胞生物学・植物多様性ゲノム学・細胞機能学・染色体機能学・生体高分子学など，多くの分野の研究者が教員として在籍している．しかし，基本的に退職者がいなければ，教員採用の公募は行われない．すなわち，公募が行われるのは，数～十年に1回，1名だけ募集されるというような少なさである．また，仮に，生態科学分野の教員が退職しても，同じ分野の「研究者」のみが採用対象となることが多く，公募が行われたとしても誰もが応募できるわけではないのである．

こうした公募分野の狭さ，採用頻度・人数の少なさから，全国的な規模で見ても，特定の分野のアカデミア研究職の公募が一つもないような年もある．そのため，自分がアカデミア研究職に応募する資格を得たタイミング（すなわち，博士号を取得したタイミング）で，自分の専門分野で，自分が就職を希望する地域でアカデミアの公募が出るかどうかは運なのである．

　では，その運をどのようにして掴むのか．

　大学や公的研究機関には，永年雇用ではないポスドクと呼ばれる研究職がある．これは，大学や公的研究機関やそこに所属する「研究者」が個別に進めている研究プロジェクトで雇用される研究員のことで，1〜5年程度の任期つきのポジションである．ポスドクは，所属するプロジェクトに関連する研究に取り組むことが義務になるが，そのプロジェクト自体が自分の専門や興味と密接に結びついていれば，自身の実力・業績を伸ばす機会を得られる．こうしたプロジェクトに雇用されるポスドクの募集は，不定期ではあるが，毎年どこかでは必ずあるものである．博士号を取得したばかりの若手研究者は，このようなポジションをいくつか経験し，自分の専門分野で成果を残し，その実力をもってアカデミアにおける永年雇用の研究職の公募が出るのを待つのである．ゆえに，運を掴むには実力も必要ということになる．

　これに対して，アカデミアではなく，企業の「研究者」になる方法もある．近年，博士号を取得した人材（博士人材）を毎年新規に採用する企業が増えてきた．その主な理由として，博士人材は専門的な知識・技能をもった人であり，分野にかかわらず論理的思考力をもち合わせ，学術的文献に基づいた情報収集ができる人であることが挙げられる．すなわち，企業の研究・開発に携わる職において，（即戦力となれるかは状況によるが）高度な専門性を発揮でき

るのである.

　こうした企業の「研究者」は，就職とともに永年雇用となることが多いので，アカデミアの「研究者」よりも，生活基盤が早く安定する可能性が高い．すなわち，企業の「研究者」の方が，パートナーとの共同生活や家族との同居を実現しやすいのである.

　ただ，やはり企業に所属している以上，企業の趣旨に沿う研究しかできないことが多い．それに比べると，アカデミアの「研究者」は，自分で研究プロジェクトを始動することが容易であろう.

　このように，アカデミアの「研究者」と企業の「研究者」は，それぞれの職における一長一短な側面がある．しかし，結局のところ，それらが，どのようにその人にとってメリットとなるか，デメリットとなるかは個人による.

　もし，読者のみなさんの中に，これから「研究者」を目指したいという人がいるならば，まずは，兎にも角にも，大学院で研究活動に専念してみることをお勧めしたい．そして，「研究者」になれるか，なれないかではなく，自分が心から研究を楽しめるのか，その研究を今後どのように続けていきたいのかを悩むのがよいと思う.

7.3 研究者の資質

　「研究者になるために必要な資質は何ですか？」は，「どうしたら研究者になれますか？」と同様，よく尋ねられる質問である．私は，真っ先に「根性」「へこたれない心」「打たれ強さ」「忍耐力」「精神力」「あきらめの悪さ」「負けず嫌い」などと答える．もちろん，研究者になるには，知的好奇心や論理的思考力も必要不可欠である．ただ，これだけでは研究を続けられないというのが私の持論である.

　研究活動の根幹を支えるのは，数多の試行錯誤の積み重ねだと私

は考えている．例えば，解析や実験がうまくいかなかったとき，なぜうまくいかなかったのかを考え，もう一度挑戦するということは，研究者にとって日常茶飯事である．私は，よくRという統計ソフトを使って統計解析をするのだが，その際にR言語でのプログラミングをしなくてはいけない（**図7.1**）．私はRを学部生の頃から使っているので，基本的な作業はお手のものだが，新しい統計処理を試みるたびに何かしらのプログラムエラーに遭遇する．毎度毎度，そのエラーの原因となるのは些細なミスなのだが，そのミスを探すために数日かかることもある．しかも，そのプログラミングで算出してほしかった値はたった1つだったりする．後から振り返ると，たった1つの値を得るためにどれだけ時間とエネルギーをかけているんだと我ながら呆れる．

しかし，私のこれまでの研究成果は，こうしたことの積み重ねによって出ているので，あながち間違っていないと思う．研究の過程で試行を重ねる際，知的好奇心は原動力となるのだが，納得がいくまで試行を続けることは何よりも大事なのではないかと考えている．

また，これも私の持論なのだが，もう一つ研究者として研究を続けていく上で必要不可欠な素質がある．

誠実さである．

先述のとおり，研究活動は数多の試行錯誤の積み重ねで，うまくいかないことが多い．周囲の人がどんどん成果を出している中で，自分だけ成果が出ないように感じることもある．ただ，だからと言って，データの値を変えたり，作ったりしてはいけない．また，他の人の成果を拝借するのもいけない．これらは，研究活動における特定不正行為（改ざん・捏造・盗用）と呼ばれ，現在国際的に厳しく取り締られている．これら以外にも，研究費を不適切に使うこと

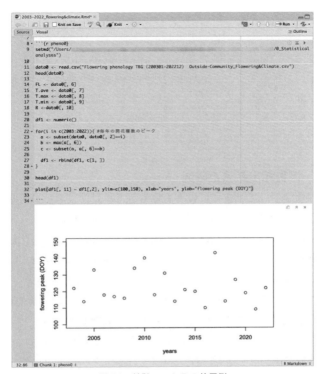

図 7.1 統計ソフト R の使用例
1 年間の中で開花種数が最も多い時期（ピーク日）がいつなのかを調べるため，横軸に年，縦軸にピーク日をとった図を作成してみたときの様子．この図の応用が図 5.2 や図 5.3 である．

や，異なる国際誌に同じ論文を投稿することも不正行為にあたる．不正行為をしたと認定された場合，不正行為があった論文の取り下げや研究費の返還などの罰則が科される．こうなれば周囲の研究者から二度と信用されることはないだろう．それでも研究者による不正行為は毎年数件発覚する．

「そんなことは思いもしなかった…」という人は，その誠実な気持ちをこれからも大切にしてほしい．

研究活動は自分との闘いである．研究活動中に出てくる数多の試行錯誤におけるエラーは，周囲の研究者の協力を得ながらも最終的には自分で解決しなくてはいけない．私は，消えないエラーに誠実に立ち向かい続けることこそ，「研究者」になるため，また，「研究者」であり続けるために重要なことだと思う．

7.4 博物館学芸員と研究

この節では，これまでに幾度も登場してきた「大学や公的研究機関」の公的研究機関について触れたい．公的研究機関には，国営や公営の研究機関，独立行政法人や国立研究法人などの法人化した研究機関などが該当する．例えば，国立科学博物館は独立行政法人であり，公的研究機関の一つである．

ここで，あらためて覚えておいていただきたいのは，博物館は単なる展示施設ではなく，研究活動も担う研究機関でもあるということである．すなわち，博物館にも「研究者」が存在する．

博物館の職員といえば，学芸員（キュレーター）を思い浮かべる人が多いだろう．文化庁によると，「学芸員は，博物館資料の収集，保管，展示及び調査研究その他これと関連する事業を行う「博物館法」に定められた，博物館におかれる専門的職員」である．先ほど，「研究者」になるための国家資格はないと書いたが，「学芸員」は博物館法に基づいた国家資格である．「学芸員」の資格は，大学で博物館に関する科目を受講し，必要単位を習得することで取得する方法と，実務経験を経てから学芸員資格認定のための試験・審査を経て取得する方法がある．この本を手に取ってくれていて，これから「学芸員」を目指す人に関連するのは前者の方法である．すべ

ての大学が博物館に関する科目を開講しているわけではない．もし，これから大学に進学する高校生で，「学芸員」を目指したいならば，自分が目指す大学が博物館に関する科目を開講しているかどうかを確認しておくのがよい．

ただ，やはり，ここで知っておいてほしいのは，「学芸員」の資格を取得したからといって，自動的に「学芸員」としての職を得られるわけではないということである．先述の研究者の就職事情と同様に，学芸員の募集が出ないと学芸員の仕事には就けない．研究者ほど募集分野は狭くないが，植物学・動物学などの分野ごとに募集されることが多く，学芸員資格と合わせて，修士号を取得していることが応募条件であることが多い．また，全国の博物館の数が，大学や公的研究機関の数に比べると少ないことを考えると，学芸員の方が大学などの研究者よりも狭き門かもしれない．

とはいえ，現在，「博物館資料の収集，保管，展示及び調査研究」という学芸員と同じ業務に従事している私は，実は学芸員資格を取得していない．大学生の頃，学芸員資格の取得を視野に入れて，博物館に関する科目の一部を受講したことはあるのだが，それらの科目が夕方に開講されることが多く，当時在籍していたサークルでの活動を優先してしまっていた．大学院生になって，博物館の学芸員を就職先として視野に入れたとき，ほとんどの博物館で学芸員資格を必須としていることを知ったときは，「あのとき受講を続けていれば…」と少し後悔した．（サークル活動も楽しかったので，大きな悔いはない．）そのため，将来の職業の選択肢に「学芸員」がある方には，ぜひ資格取得できるうちに取得しておくことをお勧めしたい．

一方で，現在の私のように，正式な職名は学芸員でないが，学芸員と同様の業務に取り組む研究職もある．国立科学博物館だけでな

く，大学に附属する博物館の教員もその一例である．大学博物館の教員は，学芸員と同様に「博物館資料の収集，保管，展示及び調査研究」に取り組むが，まず先に大学教員を務められるほどの「研究者」としての専門的知識をもつことが求められる．もし，今後，研究も続けつつ，学芸員のように博物館に関連する業務もやりたいと思うのであれば，こうした職を視野に入れてみてほしい．

　さて，ここまで大学や公的研究機関で研究活動に従事する「研究者」について書いてきた．しかし，実際のところ，博士号・修士号・学士号などの学位や，大学や公的研究機関などの所属に関係なく，「研究者」はたくさんいる．いわゆるアマチュアの「研究者」である．彼らは，職業としてではなく，個人的な興味や情熱から研究を行っており，大学や公的研究機関の博士号をもつ研究者（職業研究者）が「こりゃ参った！」と仰天するようなデータや知見をもっていたりする．彼らの存在に，私たち職業研究者が気づかされることや助けられることは多いのである．

　7.2節にも書いたように，「研究者」という国家資格はない．大学や公的研究機関などの研究職だけが研究の道ではない．研究の喜びは，いつでも，どこでも，誰でも味わい続けられるはずである．もし，あなたが自身の知的好奇心に基づいて，誠実に粘り強く，調査対象に向き合う志を有しているならば，すでにあなたは「研究者」である．

引用文献

- Ashton, P. S., Givnish, T. J., & Appanah, S. (1988) Staggered flowering in the dipterocarpaceae: new insights into floral induction and the evolution of mast fruiting in the aseasonal tropics. *The American Naturalist*, **132**: 44-66.
- CaraDonna, P. J., Iler, A. M., & Inouye, D. W. (2014) Shifts in flowering phenology reshape a subalpine plant community. *Proceedings of the National Academy of Sciences*, **111**: 4916-4921.
- Chang-Yang, C.-H., Lu, C.-L., Sun, I-F., & Hsieh, C.-F. (2013) Flowering and fruiting patterns in a subtropical rain forest, Taiwan. *Biotropica*, **45**: 165-174.
- Chen, Y. Y., Satake, A., Sun, I. F., Kosugi, Y., Tani, M., Numata, S., Hubbell, S. P., Fletcher, C., Supardi, M. N. N., & Wright, S. J. (2018) Species-specific flowering cues among general flowering *Shorea* species at the Pasoh Research Forest, Malaysia. *Journal of Ecology*, **106**: 586-598.
- Cortés-Flores, J., Hernández-Esquivel, K. B., González-Rodríguez, A., & Ibarra-Manríquez, G. (2017) Flowering phenology, growth forms, and pollination syndromes in tropical dry forest species: Influence of phylogeny and abiotic factors. *American Journal of Botany*, **104**: 39-49.
- Demarée, G. R. & Rutishauser, T. (2009) Origins of the word "Phenology". *Eos, Transactions American Geophysical Union*, **90**: 291-291.
- Demarée, G. R. & Rutishauser, T. (2011) From "Periodical Observations" to "Anthochronology" and "Phenology" - the scientific debate between Adolphe Quetelet and Charles Morren on the origin of the word "Phenology". *International Journal of Biometeorology*, **55**: 753-761.

Du, Y., Mao, L., Queenborough, S. A., Freckleton, R. P., Chen, B., & Ma, K. (2015) Phylogenetic constraints and trait correlates of flowering phenology in the angiosperm flora of China. *Global Ecology and Biogeography*, **24**: 928-938.

Edwards, E. J., Chatelet, D. S., Chen, B.-C., Ong, J. Y., Tagane, S., Kanemitsu, H., Tagawa, K., Teramoto, K., Park, B., Chung, K.-F., Hu, J.-M., Yahara, T., & Donophue, M. J. (2017) Convergence, consilience, and the evolution of temperate deciduous forests. *The American Naturalist*, **190**: S87-S104.

Fick, S. E. & Hijmans, R. J. (2017) WorldClim 2: new 1-km spatial resolution climate surfaces for global land areas. *International Journal of Climatology*, **37**: 4302-4315.

Jones, C. A. & Daehler, C. C. (2018) Herbarium specimens can reveal impacts of climate change on plant phenology; a review of methods and applications. *PeerJ*, **6**: e4576.

Hut, R. A., Paolucci, S., Dor, R., Kyriacou, C. P., & Daan, S. (2013) Latitudinal clines: an evolutionary view on biological rhythms. *Proceedings of Biological Sciences*, **280**: 1-9.

Kimura, K., Yumoto, T., & Kikuzawa, K. (2001) Fruiting phenology of fleshy-fruited plants and seasonal dynamics of frugivorous birds in four vegetation zones on Mt. Kinabalu, Borneo. *Journal of Tropical Ecology*, **17**: 833-858.

Kimura, K., Yumoto, T., Kikuzawa, K., & Kitayama, K. (2009) Flowering and fruiting seasonality of eight species of *Medinilla* (Melastomataceae) in a tropical montane forest of Mount Kinabalu, Borneo. *Tropics*, **18**: 35-44.

Kitayama, K., Ushio, M., & Aiba, S.-I. (2021) Temperature is a dominant driver of distinct annual seasonality of leaf litter production of equatorial tropical rain forests. *Journal of Ecology*, **109**: 727-736.

Kurten, E. L., Bunyavejchewin, S., & Davis, S. J. (2018) Phenology of a dipterocarp forest with seasonal drought: Insights into the origin of general flowering. *Journal of Ecology*, **106**: 126-136.

Langner, A., Miettinen, J., & Siegert, F. (2007) Land cover change 2002–2005 in Borneo and the role of fire derived from MODIS imagery. *Global Change Biology*, **13**: 2329–2340.

Li, Z. A., Zou, B., Xia, H.-P., Ren, H., Mo, J.-M., & Weng, H. (2005) Litterfall dynamics of an evergreen broadleaf forest and a pine forest in the subtropical region of China. *Forest Science* **51**: 608–615.

Luedeling, E. (2012) Climate change impacts on winter chill for temperate fruit and nut production: a review. *Scientia Horticulturae*, **144**: 218–229.

Meyfroidt, P., Vu, T. P., & Hoang, V. A. (2013) Trajectories of deforestation, coffee expansion and displacement of shifting cultivation in the Central Highlands of Vietnam. *Global Environmental Change*, **23**: 1187–1198.

Mohandass, D., Campbell, M. J., Chen, X. S., & Li, Q. J. (2018) Flowering and fruiting phenology of woody trees in the tropical-seasonal rainforest, Southwestern China. *Current science*, **114**: 2313–2322.

Nagahama, A., Kubota, Y., & Satake, A. (2018) Climate warming shortens flowering duration: a comprehensive assessment of plant phenological responses based on gene expression analyses and mathematical modeling. *Ecological Research*, **33**: 1059–1068.

Nagahama, A., Sugawara, T., Aung, M. M., Poulsen, A. D., Armstrong, K. E., Tagane, S., & Tanaka, N. (2023) Contributions to the flora of Myanmar IX: five new distributional records of flowering plants from Chin State, Kachin State and Tanintharyi Region.*Bulletin of the National Museum of Nature and Science. Series B, Botany*, **49**: 49–55.

Nagahama, A., Tagane, S., Zhang, M., Ngoc, N. V., Binh, H. T., Cuong, T. Q., Nagamasu, H., Toyama, H., Tsuchiya, K., & Yahara, T. (2021) *Claoxylon langbiangense* (Euphorbiaceae), a new species from Bidoup-Nui Ba National Park, Southern Vietnam. *Acta Phytotaxonomica et Geobotanica*, **72**: 275–280.

Nagahama, A., Tagane, S., Nguyen, V. N., Hoang, T. B., Truong, Q.

C., Toyama, H., Nagamasu, H., Tsuchiya, K., Meng, Z., Suyama, Y., Moritsuka, E., Nguyen, T. A. T., Nguyen, C. T., Matsuo, A., Hirota, S., Naiki, A., Le, V. S., Pham, H. N., & Yahara, T. (2019a) *A Picture Guide for the Flora of Bidoup-Nui Ba National Park I: Mt. Langbian.* Center for Asian Conservation Ecology, Kyushu University, Fukuoka, p.134.

Nagahama, A., Tagane, S., Souladeth, P., Sengthong, A., & Yahara, T. (2019b) *Gentiana bolavenensis* (Gentianaceae), a new species from Dong Hua Sao national protected area in southern Laos. *Thai Forest Bulletin (Botany)*, **47**: 133–136.

Nagahama, A., Uemura, H., & Nikaido, T. (2024) Altered trends in spring- and autumn-flowering species in Japan in response to global warming. *Bulletin of the National Museum of Nature and Science. Series B, Botany*, **50**: 59–69.

Nagahama, A. & Yahara, T. (2019) Quantitative comparison of flowering phenology traits among trees, perennial herbs, and annuals in a temperate plant community. *American Journal of Botany*, **106**: 1–13.

Nakagawa, M., Ushio, M., Kume, T., & Nakashizuka, T. (2019) Seasonal and long-term patterns in litterfall in a Bornean tropical rainforest. *Ecological Research*, **34**: 31–39.

Nitta, I. & Ohsawa, M. (1997) Leaf dynamics and shoot phenology of eleven warm-temperate evergreen broad-leaved trees near their northern limit in central Japan. *Plant Ecology*, **130**: 71–88.

Ohashi, K. & Yahara, T. (2002) Visit larger displays but probe proportionally fewer flowers: counterintuitive behaviour of nectar-collecting bumble bees achieves an ideal free distribution. *Functional Ecology*, **16**: 492–503.

Olesen, J. M., DupontY, L., Hagen, M., Trøjelsgaard, K., & Rasmussen, C. (2011) Structure and dynamics of pollination networks: the past, present, and future. In: Patiny, S. (ed.) *Evolution of Plant-Pollinator Relationships.* Cambridge University Press, pp.374–391.

Raes, N., Saw, L. G., van Welzen, P. C., & Yahara, T. (2013) Legume diversity as indicator for botanical diversity on Sundaland, South East Asia. *South African Journal of Botany*, **89**: 265-272.

Rathcke, B. & Lacey, E. P. (1985) Phenological patterns of terrestrial plants. *Annual review of ecology and systematics*, **16**: 179-214.

Sakai, S., Harrison, R. D., Momose, K., Kuraji, K., Nagamasu, H., Yasunari, T., Chong, L., & Nakashizuka, T. (2006) Irregular droughts trigger mass flowering in aseasonal tropical forests in Asia. *American Journal of Botany*, **93**: 1134-1139.

Sakai, S., Momose, K., Yumoto, T., Nagamitsu, T., Nagamasu, H., Hamid, A. A., & Nakashizuka, T. (1999) Plant reproductive phenology over four years including an episode of general flowering in a lowland dipterocarp forest, Sarawak, Malaysia. *American journal of botany*, **86**: 1414-1436.

Satake, A., Kawagoe, T., Saburi, Y., Chiba, Y., Sakurai, G., & Kudoh, H. (2013) Forecasting flowering phenology under climate warming by modelling the regulatory dynamics of flowering-time genes. *Nature communications*, **4**: 2303.

Satake, A., Nagahama, A., & Sasaki, E. (2022) A cross-scale approach to unravel the molecular basis of plant phenology in temperate and tropical climates. *New Phytologist*, **233**: 2340-2353.

Takanose, Y. & Kamitani, T. (2003) Fruiting of fleshy-fruited plants and abundance of frugivorous birds: phenological correspondence in a temperate forest in central Japan. *Ornithological Science*, **2**: 25-32.

Thiers, B. M. (2020) *Herbarium: The Quest to Preserve and Classify the World's Plants*. Timber Press, Portland, p.304.

Yumoto, T. (1987) Pollination systems in a warm temperate evergreen broad-leaved forest on Yaku Island. *Ecological Research*, **2**: 133-145.

Yumoto, T. (1988) Pollination systems in the cool temperate mixed coniferous and broad-leaved forest zone of Yakushima Island. *Ecological Research*, **3**: 117-129.

井鷺裕司・陶山佳久．(2013) 生態学者が書いた DNA の本：メンデルの法則から遺伝情報の読み方まで．文一総合出版，p.199.

金井弘夫．(1972)ヒートシールによる標本貼付．植物研究雑誌，**47:** 120-121．
金井弘夫．(1974)おしば標本の新らしい貼付法．植物研究雑誌，**49:** 86-87．
倉田薫子．(2020)APG 分類体系と植物の進化．生態環境研究，**26:** 53-66．
田中伸幸・大西亘・島田要・野田弘之・沓名貴彦．(2022)植物標本台紙に適した洋紙についての検討．植物研究雑誌，**97:** 340-346．
新穂千賀子．(1984)タバコシバンムシの生態学的研究．日本応用動物昆虫学会誌，**2:** 209-216．

あとがき

　これほどまでのめり込んだフェノロジー研究も元を辿れば，矢原さんの「このままでは卒業論文が書けませんね．研究テーマを変えましょう．」から始まった．すなわち，私がフェノロジー研究に行き着いたのはほんの偶然だったのである．実際，思い返してみると，大学入学時，私は動物，特に大型哺乳類の行動について研究したいと強く思っていた．幼少の頃から植物に興味があったわけではなかった．それよりも，ライオンやチーターなどの大型哺乳類が大好きだったのである．

　ところが，修士課程2年生の頃に書いた自分のブログを読み返してみると，フェノロジー研究に対して，「こりゃ，やめらんない．」と言うほど夢中になっている．ましてや，今では植物の研究で生計を立てているのだ．人生どう転ぶかわからないものである．植物のフェノロジーには，何かしら私のツボを押すものがあるのだろう．

　あらためて考えてみると，植物の発芽・展葉・開花・結実・落葉フェノロジーのような季節的な挙動は，実にドラマチックでグロテスクである．こんなことを考えるのはおかしいかもしれないが，「成長器官（葉）と生殖器官（花）を丸ごと，毎年新しく作って切り捨てる」というのは，私たちの体に照らし合わせて考えると理解不能である．もちろん，植物と私たち動物では，生物としての構造が極端に異なるので，植物からしたら「成長器官と生殖器官を常に保持し続ける」という方が理解不能だろう．

　というのは，私の無用な妄想だが，まさにここに私が植物を研究

あとがき　141

図　幼少期に著者が描いた水彩画

する動機が詰まっている．私は，自分と全く違う生物である植物の挙動を観察し，植物にとってどういうメリットがあるのかなどの意味を考えることが大好きである．発芽・展葉・開花・結実・落葉それぞれが起きるタイミングによりどのような結果が導かれるのかを考えると，私たちが日々目にしている植物たちの季節的な挙動が，実は植物たちの生きるための戦略を反映していることが見えてくるのである．

先日，実家に帰省した際，私が幼少期に地元の湖のほとりにある森の様子を描いた水彩画が目に入った（**図**）．そこには，こんな言葉が添えられていた．

　　　　あきになると　はっぱの色がかわり　きれい．
　　　　ゆれると　もっときれい．

「あっ」と声が出た．描かれていたのは，紅葉フェノロジーの様

子である．私は，幼い頃からこうした植物の季節の移ろいに惹かれていたのだ．やはり，研究活動の根底にあるのは，自分を突き動かす衝動や心揺さぶられる感動なのである．こうした気持ちを感じられる環境に身を置けていることに感謝しつつ，これからもフェノロジーを研究し続けたい．

こうして本書の執筆を終えてみると，現在の私があるのは，これまで関わってきた多くの方々のご指導やご支援のおかげというほかない．それらがなければ，私は現在研究活動を続けることはおろか，博士号の取得もできなかっただろう．この機会に，感謝申し上げたい．

矢原徹一先生には，学部生から博士課程までご指導いただき，感謝しきれないほどお世話になった．「卒論提出3か月前テーマ変更事件」から，博士論文提出間際まで，度々ご迷惑をおかけしたが，温かくご指導いただいた．矢原先生の下で経験させていただいたすべてのことが私の糧になっている．矢原先生には指導教員・共同研究者として，本書の第1～4, 6章を校閲していただいた．田金秀一郎さんには，東南アジア調査のきっかけをいただき，様々なノウハウをご教示いただいた．正式には指導教員ではなかったが，東南アジア研究における実質の指導教員であった．田金さんには共同研究者として，本書の第3, 4章を校閲していただいた．粕谷英一先生には，博論の副査を務めていただき，卒論から博論まで統計的な解析手法で幾度もお世話になった．細川貴弘先生には，研究室在籍時にセミナーで的確なアドバイスを多数いただいた．佐竹暁子先生には，博論の主査を務めていただき，現在も共同研究者として大変お世話になっている．佐々木江理子先生には，佐竹先生と3人で執筆した総説論文をはじめとして，私が挫けそうなときに親身に支えていただいた．遠山弘法さんには，私の卒論における系統樹構築を

きっかけに，東南アジア調査でもお世話になった．永益英敏さんには，標本作製の仕方や植物分類学的な調査方法についてご教示いただいた．内貴章世さんには，私の初めての東南アジア調査であったマレーシア調査のときから幾度もお世話になった．陶山佳久さんには，分子生物学的手法に疎い私に幾度も解析手法を解説していただいた．九州大学の生態科学研究室・数理生物学研究室と決断科学プログラムの先生，先輩，友人，後輩，事務室のみなさまには，研究の相談から日々の雑談まで，様々な面で大変お世話になった．

同様に，現在の職場では，細矢剛さんをはじめとする上司，同僚，ハーバリウムスタッフ，事務室のみなさまに，着任したての頃から現在まで，様々な面で大変お世話になっている．特に，田中伸幸さんは，大学で植物分類学の講義を受講していない（九州大学には植物分類学の講義がなかった）私の取っ散らかった知識を拾いまとめ，体系的に解説してくださっている．田中さんには上司・共同研究者として，本書の第5, 6章の文章を校閲していただいた．

コーディネーターである巌佐庸先生には，本書の執筆の機会をいただいただけでなく，原稿についても多数のご意見をいただいた．実は私は，卒論発表会の質疑応答の時間に，巌佐先生から質問をいただけたことがその後の自信につながったと思う．今更ながら当時質問くださったことにも御礼申し上げたい．また，共立出版の山内千尋さん，山根匡史さんには，本書の構成について多数のご助言をいただいた．お二人のご尽力なしには本書は完成しなかった．

最後に，今の私を支えてくれている家族に感謝したい．これまで私を育て，支え，温かく見守ってくれた両親のおかげで今の私がある．また，頻繁に出張で不在にする私を快く見送ってくれる夫には頭があがらない．愛犬との楽しい暮らしが送れているのは彼のおかげである．

植物フェノロジーの研究と博物館キュレーターへの招待

　　　　　　　　　　　　　　　コーディネーター　巖佐　庸

　著者の永濱藍さんは，国立科学博物館にキュレーター（学芸員）として着任して2年目である（本書では研究員と記されている）．それまでに，大学院での5年間とその後の博士研究員としての数年間，海外調査も含めて様々な研究経験を積み，学術的な業績を築いてこられた．本書は，植物分類学や生態学の専門家である永濱さんが，キュレーターとしての職務を始めたばかりの視点から，大学院生以来の自身の研究とともに，その仕事の面白さを読者に語る本となっている．

　本書の冒頭では，植物分類学者がどういう仕事をするのか，生態学の野外調査では，どのような作業をするかなどが詳しく説明されている．特に，ベトナムの東南アジア熱帯林での調査や作業の説明は魅力的だ．それらの調査が，学術的に何を明らかにするためか，どのような問いに答えるためかが説明されている．また，そのような調査の苦労，その結果何がわかったのかなどが描かれている．そして何より，意義のある仕事をしているという著者の誇りが伝わってくる．

　永濱さんの大学院以来の研究テーマは，植物が示す生活の季節性（フェノロジー）である．

　ある植物が，ある季節に花をつけることが，どう決まるのだろう．ホルモンが制御して遺伝子のスイッチが入り代謝経路が変化し，といった生理的メカニズムについての研究はもちろん重要だ．

その結果，気温や1日の昼夜の長さの変化が花の形成や開花を制御することが知られている．しかし，それとは別に，その季節に花をつけることがどうして有利なのだろうという問いもある．

植物にとって花は，別の個体が作った花粉を受け取って種子を実らせ，自らが作った花粉を他個体が作る花に運んでもらいその胚珠を受粉するという繁殖活動のためにある．多量に作った花粉を風に散布してもらうという風媒に比べ，昆虫や鳥などの動物に運んでもらうのは効率が良い．そのため動物媒の花は目立つ色と形をして美しく，時に香りを放ち，また蜜を供給する．ひとえにこれは，花粉を運ぶ昆虫や鳥などの動物を惹きつけるためだ．

当然ながら花を咲かすべき季節は，それらの送粉動物が来てくれるときでないといけない．また，その後に実らせた種子を散布したとき，種子が定着・発芽でき幼植物が生育できることが必要だ．また花を作るためには様々な資源の投入が必要なため，葉を作り根を張ってもっと成長しようとする活動との間で植物の限られた資源を巡って競合することになる．光合成が盛んにできてもっと葉を展開すべき季節には花を作るのは控え，光合成がそれほど盛んにできないときに花を咲かせることも考えられる．

これらの様々な要素を考慮して適切な時期に花をつけるようにしているのだろう．自然淘汰が働いて，うまく多数の子孫を残せるような季節に開花できたタイプの植物が進化で広がった．その結果現在見られる植物は，適応的なタイミングで開花しているのだというのが，生物の適応的な振る舞いに対する，現在ある唯一の答えだ．

現在，地球の温暖化の影響を受けて，多くの植物の花の咲く季節がシフトしている．

同じ「共立スマートセレクション」に書かれた菊沢喜八郎さんの『葉を見て枝を見て—枝葉末節の生態学—』との比較は興味深い．

菊沢さんの本でも，樹木の季節性について著者自身の研究が紹介されている．菊沢さんの本の対象は，生産器官である葉の展開についての季節性である．葉は，光合成によって有機物を生産する目的の器官であるために，温度や土壌水分などの環境から得られる主要な資源の供給の季節性をもとに，葉の働きを理解できる面が多い．まず常緑樹種と落葉樹種という違いがある．同じ落葉樹の中でも，撹乱の多い生息地に生育するハンノキやドロノキでは生育季節の初めにある程度の葉をつけた後，夏の間もさらに葉を追加していくという順次展葉を示す．それに対して鬱蒼と茂った森林に生育する多くの樹木は，季節の最初にすべての葉をつけた後は，ほとんど追加することなく秋に落葉させるという一斉展葉なのだ．

展葉パターンのこの区別は，菊沢さんが北海道の冷温帯林の観察から見つけた．光合成に好適な季節は気象条件の制約を強く受けており，多くの樹木が示す季節性は少数のタイプに分けることができる．菊沢さんは「樹木にとっての経済的効率をもとに様々な葉の季節性が決まっている」という仮説を数理モデルとして定式化し，それを使って様々な現象がどこまで説明できるのか，どこで行きづまるのか，を追求し，熱帯林や世界中での樹木の多様性の理解につなげようとしてきた．

それに対して，永濱さんの本書では，葉の季節性を記録してはいるものの，興味の中心は花の季節性である．同じ場所に生育する樹木でも，花をつける季節には多様なものが見られる．それを決める要因は資源供給の制約だけでなく，花粉を媒介してくれる昆虫などの動物，種子を散布してくれる動物，実った種子が発芽した生育環境など様々なものがあり，それらが同時に影響している可能性がある．

もう一つ，永濱さんと菊沢さんとの研究の違いには，永濱さんが

扱う対象の調査地が，温帯林ではなくベトナムなどの熱帯林が中心であったことも影響しているだろう．

永濱さんは，観測された花の季節性について，どういうパターンを示すものがどのような頻度で存在するかについて報告した上で，季節性に影響する要因を多数挙げて，それぞれについて解説している．これは，菊沢さんのアプローチが，観察される多様な現象を明確な視点から調べ，その理論仮説によってどこまで説明ができるかを見て，説明できないときには別の要因を探るという研究スタイルであったのとは対照的だ．

このように永濱さんの本と菊沢さんの本とでは，同じく樹木のフェノロジーを扱いながらもスタイルに違いがあり，それぞれの研究者の特色が見えて面白い．読者にはぜひ両方を読み比べてほしい．

本書のもう一つの特色は，キュレーターという仕事について，具体的な作業や苦労，楽しみを含めて，わかりやすく描かれていることだ．キュレーターは，考古学，美術史，動物分類学，地質学など，それぞれの分野の専門家である．私たちが博物館を訪ねて目にする展示をしたり来館者に解説したりするのもその仕事の一部だ．しかし，キュレーターの活動の大部分は，研究を進め，調査をして知識をまとめ，それらから新たな発見すること，そしてその結果を世界の学会に発表して議論をしたり論文を書いたりという仕事である．一般には大学の教授や准教授が行うと考えられているものと同じだ．現在，永濱さんが，植物の生態学，進化学，分子生物学，有機化学，地球化学などの専門家を含む大きな共同研究プロジェクトに，東南アジア熱帯林の植物の専門家として参加して，フィールド調査を指導しておられるのはその一例だ．

大学の教員の業務においては，学生に講義をしたり実験を指導したりといった教育の部分がかなり占めているのに対して，キュレー

ターの業務には研究の比重が高いので，例えば国立環境研究所とか，理化学研究所，産業総合研究所といった研究所の研究員により近いのかもしれない．欧米では，キュレーターは大学教授以上に権威があり分野の専門家として尊敬されている．

永濱さんが執筆された本書は，博物館のキュレーターという職種への誘いとして最適な書物であろう．科学を目指す若者たちに，研究経験を将来に活かせる道の一つとして念頭に置いてほしい．

それらに加えて本書では，子どもたちや一般市民を対象に，専門分野について語り，理解を広げるアウトリーチ活動の説明がなされている．永濱さんは，大学院での学際研究プログラムやその後の福岡市科学館での子どもたち向け研究指導コースの講師を担当した経験から，アウトリーチ活動に対する意欲をもたれたようだ．

永濱さんの文章はとても読みやすく，魅力的でいつの間にか引き込まれていく．言葉の選び方や話の運びも，注意深く構成されている．目次を見ると，紹介される内容の配置も，章同士のつながりも良く配慮されている．ブログを開設しているので文章の執筆に慣れているのだろう．しかしそれだけでない．多くの人に理解してもらえるように話したり書いたりすることの大事さを認識して，わかりやすく説明するために多大な労力を費やされているように思う．実はこの能力は，現代に生きる私たちの誰にとっても重要なことだ．

本書では，研究が面白いほどに次々と進む，こうしたいと思う期待が実現する場面が多く描かれている．しかしどの研究分野でも，研究を遂行する場面では，ものごとは予想していたようには進まず，いろいろな困難に出会う．試行錯誤をしながら，ようやくのことで解決をみるということもしばしばだ．せっかく得られた成果は，競合する他の研究者がすでに発表していて，本人の努力が認められないこともある．だから最初に予期していたとおりに仕事が順

調に進むことは，研究の上では通常と思ってはいけない．しかし，後から振り返ると，それらの苦労をくぐり抜けて良い成果を挙げたとき，やってみたら最初予想していなかった視野が得られたとき，知らない人々から成果を評価されたときに，研究を遂行することの楽しみを感じるものだ．

　自然科学の様々な分野の中でも，生物学に近い分野では，研究者を目指す女性の割合が高く，日本を代表する研究者になっている人も多い．アカデミア，つまり大学の教員や研究所の研究員，博物館のキュレーターなどの業種は，基本的には業績さえ出し続けられれば，働く時間も研究テーマも自分で選択し調整できる余地が一般の職種より多い．その職務には，分野の面白さを他の人に伝え，若者や子どもたち，後進の研究者などが育つのを助けるという側面が含まれている．近年，日本では歴史的事情から国際的な基準で見ると男女比が非常に偏っていることの問題点が広く認識されるようになり，是正するべく様々な努力がなされている．研究者としてキャリアを積んでいこうとしている女性には，現代は決して不利な状況ではない．

　もし，このあとがきから読み始められた読者がおられるなら，本書を読んで，植物のサイエンスの研究や博物館の仕事の面白さとともに，後進を励ましたいという永濱藍さんの思いを読み取ってほしい．

索 引

【欧文】

annotation slip　97
APG 分類体系　92
BVOCs　105
DNA バーコーディング　46
general flowering　73
Index Herbariorum　88
mass flowering　73

【あ】

アウトリーチ活動　107
アカデミア　124
一年草　21
一斉開花　73
液浸標本　90
雄株　14
押葉標本　90
おしべ　14
雄花　14
温帯林　76
温暖化　81

【か】

開花　9, 62
開花開始日　19
開花期　17, 81
開花期間　19
開花フェノロジー　21
学芸員　130

花粉媒介者　3
揮発性有機化合物　105
キュレーター　130
系統樹　49
結実　9, 62
研究者　124
紅葉フェノロジー　141
国立科学博物館　82

【さ】

サイエンスカフェ　109
最大節約法　51
腊葉標本　90
自家不和合性　29
自家和合性　29
資源　15
資源獲得競争　15
資源利用仮説　29
種多様性　41
種名　53
植物気候フィードバック　105
植物誌　48
生物季節学　5
送粉昆虫　2
送粉保証仮説　29

【た】

タイプ標本　48, 94
多年草　21
短日植物　16

虫害　93
長日植物　16
筑波実験植物園　82
低地林　60
データベース　49
展葉　9, 62
同定箋　97
東南アジア　31, 59
動物媒植物　2

【な】

煮戻し　90
熱帯　40
熱帯季節林　77
熱帯林　71, 77

【は】

ハーバリウム　88
博士号　124
発芽　9
標本　35
標本室　88
標本データベース　99

風媒植物　2
フェノロジー　5, 59, 62, 75
福岡市科学館　109
分類学　43
平均距離法　51
ベルトランセクト法　32
訪花昆虫　2
ポリネーションネットワーク　2
ポリネーター　3, 13, 14, 81
ポリネーター誘引仮説　29

【ま】

牧野富太郎　119
未記載種　49
雌株　14
めしべ　14
雌花　14

【ら】

落葉　10
ラベル　91
ラミントンテープ　92
らんまん　119

著 者

永濱　藍（ながはま あい）

2021 年　九州大学大学院システム生命科学府 5 年一貫制博士課程修了

現　　在　国立科学博物館植物研究部陸上植物研究グループ研究員，博士（理学）

専　　門　植物生態学，植物分類学

コーディネーター

巌佐　庸（いわさ よう）

1980 年　京都大学大学院理学研究科博士課程修了

現　　在　九州大学名誉教授，理学博士

専　　門　数理生物学

共立スマートセレクション 43
Kyoritsu Smart Selection 43
植物の季節を科学する
―魅惑のフェノロジー入門―

*A Scientific Journey
in Flower Seasons:
The Fascination of Phenology*

2024 年 11 月 15 日　初版 1 刷発行

検印廃止
NDC 471.71, 470.7, 470.73

ISBN 978-4-320-00943-1

著　者　永濱　藍　© 2024
コーディネーター　巌佐　庸
発行者　南條光章
発行所　**共立出版株式会社**
郵便番号　112-0006
東京都文京区小日向 4-6-19
電話　03-3947-2511（代表）
振替口座　00110-2-57035
www.kyoritsu-pub.co.jp

印　刷　大日本法令印刷
製　本　加藤製本

一般社団法人
自然科学書協会
会員

Printed in Japan

JCOPY <出版者著作権管理機構委託出版物>

本書の無断複製は著作権法上での例外を除き禁じられています．複製される場合は，そのつど事前に，出版者著作権管理機構（TEL：03-5244-5088，FAX：03-5244-5089, e-mail：info@jcopy.or.jp）の許諾を得てください．